THE STORY OF PHYSICS

物理史话

从问道大自然到探秘暗物质

[英] 安妮·鲁尼（Anne Rooney）• 著 李轻舟•译

世界图书出版公司

北京·广州·上海·西安

图书在版编目（CIP）数据

物理史话：从问道大自然到探秘暗物质 /（英）安妮·鲁尼著；李轻舟译 . — 北京：世界图书
出版有限公司北京分公司，2024.5
ISBN 978-7-5192-9370-3

Ⅰ . ①物… Ⅱ . ①安… ②李… Ⅲ . ①物理学史—世界 Ⅳ . ① O4-091

中国国家版本馆 CIP 数据核字（2024）第 085466 号

中文书名	物理史话：从问道大自然到探秘暗物质
	WULI SHIHUA
著　　者	［英］安妮·鲁尼 (Anne Rooney)
译　　者	李轻舟
策划编辑	陈　亮
责任编辑	陈　亮　张绪瑞
出版发行	世界图书出版有限公司北京分公司
地　　址	北京市东城区朝内大街 137 号
邮　　编	100010
电　　话	010-64038355（发行）　64033507（总编室）
网　　址	http://www.wpcbj.com.cn
邮　　箱	wpcbjst@vip.163.com
销　　售	新华书店
印　　刷	河北鑫彩博图印刷有限公司
开　　本	710mm×1000mm　1/16
印　　张	14
字　　数	231 千字
版　　次	2024 年 5 月第 1 版
印　　次	2024 年 5 月第 1 次印刷
版权登记	01-2019-6749
国际书号	ISBN 978-7-5192-9370-3
定　　价	69.90 元

目　录

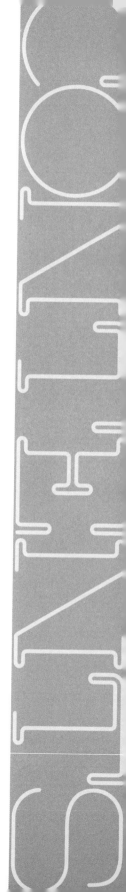

序章·宇宙之书

宇宙之书是无法理解的，除非先弄懂书写它所用的文字。它是用数学语言书写而成的，它的字符是三角、圆等几何图形。离了这些，凭人力不可能解读其中任何一个单词；离了这些，人将踟蹰于幽暗的迷宫。

—— 伽利略，《试金者》（*The Assayer*, 1623）

物理学乃一切自然科学之基础，是我们探索实在之利器。它的目标是解释宇宙如何运作，上及诸天星系，下至亚原子粒子。我们在物质世界中的诸多发现代表了人类成就之巅峰。这本《物理史话》追溯了人类努力解读宇宙之书的历程，如文艺复兴时期的科学家[①]伽利略·伽利雷（Galileo Galilei, 1564—1642）所形容的那样，也是学习并运用数学语言的历程。它还揭示了我们仍然所知甚少——我们掌握的所有物理知识仅仅涉及宇宙的4%，其余96%仍属尚待破解之谜。

仙女座星系是距我们银河系最近的星系——物理学试图解释一切，从时间的开端到宇宙的终结

物理学的诞生

在发展出实验方法之前，早期的科学家或所谓的"自然哲学家"将理性运用于周遭所见，然

[①] 一般汉译为"科学家"的 scientist 这个词，在工业革命之前的历史语境下，可以被理解为追求"知识"（scientia）的学者。——译者注（以下如无特殊说明，均为译者注）

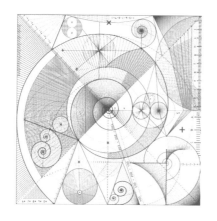

构成自然界的模式、形状和数量是物理学的主题

后提出理论给予解释。比如，天体看似行经天宇，许多先民据此推断地球位居宇宙的中心，万物皆绕其运行。

持异议的少数派不得不拿出足够好的论据来驳斥公论，两千年来，他们寡不敌众，常常遭受嘲弄甚至迫害。

诸多迷信观念和宗教信仰根植于人们对所观察到世界的解释。例如，太阳升起来是因为有一位超自然的日御神驱赶它跨越天空。另一方面，科学则致力于寻找所观察到现象的实质和原因。据我们所知，最初是古希腊人试图用基于观察和推理的学说取代神秘和迷信的解释。试图在不诉诸宗教信仰的前提下解释自然界的第一人可能是泰勒斯（Thales），而第一位真正的科学家或许是古希腊思想家亚里士多德（Aristotle，前384—前322），一位彻彻底底的经验主义者。他相信，通过细致的观察和测量，我们就能对支配万物的规律有所理解。亚里士多德曾师从柏拉图（Plato，约前428—前347），后者遵循一条演绎性的探索路径，他相信单凭理性演绎足以使人类破解宇宙之谜。亚里士多德则相信"归纳推理"，即是说，始自

归纳推理与演绎推理

演绎推理是柏拉图理论体系中一种"自上而下"的方法典型。科学家或哲学家构造一套理论，衍生出一个假说来检验，再以观察证实（或证伪）假说。归纳推理始于观察世界，通过识别出一种模式来阐述，然后提出一个假说来解释它，再得出一套普适的理论。亚里士多德的方法是归纳性的。科学家伊萨克·牛顿（Isaac Newton，1643—1727）[①]等人最早认识到演绎推理和归纳推理都要在科学思想体系中占据一席之地。

[①] 牛顿的生卒年，按当时英国使用的古罗马《儒略历》，应为 1642—1726，按梵蒂冈教廷 1582 年历法改革后的《格里历》（现行公历，直到 1752 年才在英国施行），则是 1643—1727。

米利都的泰勒斯（Thales of Miletus，约前624—约前546）

中世纪的人描绘的
泰勒斯形象

2500多年前，我们能称之为科学家和哲学家的第一人泰勒斯生活在今属土耳其的地区。泰勒斯曾在埃及求学，据信他将数学和天文学带到了希腊。他被视为古希腊七贤之一，据说极其聪明，还可能教导过哲学家毕达哥拉斯（Pythagoras）和阿纳克西曼德（Anaximander）。泰勒斯提出，我们周遭世界中的所有现象都有一个物理的而非超自然的原因，故而他开始寻找决定事物如何运作的物理原因。由于没有著作存世，我们难以评价他的真正贡献。

观察世界的逻辑方法。他开创了一种科学方法。

虽然亚里士多德没有提出要做实验，但他力主对前人就某一论题所写的一切做全面的考察（按现代术语，就是做文献综述），亲身观察并测量，然后运用理性得出结论。

古希腊人率先将知识分门别类。亚历山大港的大图书馆制作了第一部图书目录，对亚里士多德视为考察工作必要部分的那种文献综述来说，这是必不可少的。

从经验论到实验法

随着希腊化时代（古典希腊文明的高峰）的终结，运用科学方法理解自然界的模式日渐式微，直到阿拉伯科学自7世纪兴起。才华横溢的海什木（Ibn al-Hassan Ibn al-Haytham, 965—1040）发展出了一套近乎现代实验

> 我不愿去作波斯众生的王，唯愿寻求一个事实背后的真正原因。
>
> ——哲学家德谟克利特（Democritus, 约前460—约前370）

方法的程式。他先陈述一个问题，然后通过实验检验自己的假说，解释数据再得出结论。他采取一种怀疑和质问的态度，认识到有必要建立起一套严密可控的测量和考察体系。其他阿拉伯科学家亦对此有所增益。比鲁尼（Abu Rayhan al-Biruni, 973—1048）意识到，误差和偏差可能是仪器缺陷或观测者失误导致的。他建议，应多次重复实验，综合数据得出可靠结果。医生拉赫维（Al-Rahwi, 约851—约934）引入了同行评议的概念，建议医务人员应将其操作记录在案并提供给其他同行——固然他的主要动机是避免因诊疗失当遭受惩罚。贾比尔（Geber, 本名Abu Jabir, 约721—约815）首次在化学领域引入对照实验，而阿维森纳（Avicenna, 本名Ibn Sina[①], 约980—1037）宣称，归纳法与实验法应该构成演绎的基础。阿拉伯科学家[②]以共识为贵，他们倾向于剔除不被他人支持的非主流观念。

然而，伊斯兰教的发展最终束缚了阿拉伯科学家的追求。叩问世界渐渐被视作亵渎神灵的行为，仿佛是在窥探造物主之道并试图侵犯神圣的奥秘。一位虔诚（或审慎）的穆斯林科学家可从事的活动会受到限制。科学事业的火炬被伊斯兰自然哲学家抛弃，又被奉基督教的欧洲中世纪学者拾起。

科学方法

如今普遍采用的科学方法遵循如下步骤：

1. 提出一个疑难或问题，然后可以将之简化到能用一项或一组实验处理；

2. 提出一个假说；

3. 设计一个实验来检验假说，该实验务必是一次公正的检验，有一些受控变量（保持不变的条件）和一个自变量（将会发生改变的条件）；

4. 进行实验，获取并记录观测所得；

5. 分析数据；

6. 陈述结论并接受同行评议。

---

① Avicenna 是 Ibn Sina 的拉丁名，Geber 和后文的 Averroes 亦是同理。
② 准确地说，应是伊斯兰世界的科学家或学者，他们不都是阿拉伯人。

阿拉伯科学与亚里士多德著作借助拉丁文翻译流入欧洲是在中世纪后期。12世纪文艺复兴时期的著述者开始将萌芽阶段的科学方法融入他们自己的研究并加以培育，但一开始并没有去挑战古典的学术权威。英格兰的方济各会修士罗吉尔·培根（Roger Bacon, 约1210—约1292）等人率先对那些不容挑战的古人著作提出质疑，提倡重新审查既有的观念。罗吉尔·培根将目标对准了亚里士多德，亚氏之思想在诸多领域被公认为教条式的真理，而罗吉尔·培根则主张亚氏的结论也应经受检验。亚里士多德无疑会赞同运用经验方法重估和质疑他自己的著作。罗吉尔·培根的科学研究遵循的模式是在观察基础上构造假说，再用实验检验假说。他反复实验以确保结果，详细记录实验方法以便其他科学家审查。他将实验法称作"大自然的烦扰"（vexation of nature）。他说："我们巧妙地借助大自然的烦扰学到的东西比通过耐心观察学到的多。"

另有一位"培根"是英格兰律师兼哲学家弗朗西斯·培根（Francis Bacon, 1561—1626），他指出了一条通向知识的新途径，在1620年出版了《新的求知工具》（*Novum Organum Scientiarum/The New Organon of the Sciences*）。他相信实验结果有助于厘清彼此矛盾的理论，可以帮人类通向真理。他促使归纳推理成为科学思想的基础。弗朗西斯·培根梳理出观察、实验、分析和归纳推理的一套流程，这常被视为现代科学方法的开端。他的

据说，弗朗西斯·培根是在1626年组织史上首次生产冷冻鸡肉的实验后离世的。

[弗朗西斯·培根爵士] 同威瑟博尔内医生（Dr Witherborne）一道乘马车前往海格特散心的途中，雪花飘落到地上，又落进培根大人的脑海，为何不可以像用盐那样用雪存储肉类。两人立即下决心试着做做实验。他们走下马车，来到海格特山脚下一位贫困妇女的家中，买下一只母鸡，又让那位妇女取出鸡的内脏，再用雪塞满鸡身，培根大人亲身上阵从旁协助。雪使他受了凉，随即病势沉重……他患上了感冒，我记得霍布斯先生（Mr Hobbes）告诉我，两三日内，他便死于窒息。

——约翰·奥布里（John Aubrey），《名人小传》（*Brief Lives*）

方法始于否定——让心灵摆脱"偶像"或公认概念的束缚——再发展到对探讨、实验和归纳等的肯定。

科学革命

虽然系统表述实验法的第一人是弗朗西斯·培根，但类似的方法也被伽利略采用了。伽利略是一位伟大的归纳推理拥护者，他意识到来自复杂世界的经验证据永远比不上理论之纯洁。他思考，实验不可能顾及每一个变量。例如，他相信自己的重力实验永远无法消除空气阻力或摩擦的影响。然而，标准化的方法和测量意味着或许要由不同的人来反复实验得出一组结果，从中可以推出一般性的结论。伽利略对实验方法有足够的信心，他冒险赌上自己的名誉，在1611年的一场公开演示中直面争论。他与比萨的一位教授辩论同种材料（且密度相同）物体的不同形状是否会影响它们在水中的浮沉。伽利略以一场公开演示挑战该教授，宣称自己将站在实验结果一边，而那位教授并没有露面应战。

科学社团

17世纪，社会对科学兴趣的与日俱增催生了科学社团，它们如雨后春笋遍布欧洲。这为科学交流、科学实验和科学研发等提供了一个活动中心。第一个科学社团是猞猁学院（Lyncean Academy/Accademia dei Lincei），它的创立者是费德里科·切西（Federico Cesi），一位对科学抱有浓厚兴趣的佛罗伦萨富人。虽然年仅18岁，但切西相信科学家应当直接研究大自然而非奉亚里士多德哲学为圭臬。猞猁学院的第一批院士共同居住在切西的豪宅，他在那里为院士们提供了各种书籍和一个设备齐全的实验室。这批院士中有荷兰医生约翰内斯·埃克（Johannes Eck, 1579—1630）、意大利学者詹巴蒂斯塔·德拉波尔塔（Giambattista della Porta, 约1535—1615），还有最负盛名的伽利略。在鼎盛时期，猞猁学院有来自欧洲各地的32位院士。1605年，学院将自己的治学目标表述为"旨在获取关于事物的知识，增进智慧……再从容公之于众……不生危害"。尽管如此，这群人还是被指控使用黑魔法，反对天主教会的教义且行止龌龊。

伽利略或许比其余任何人都有资格为现代科学的诞生负责。
　　　　　—— 英国宇宙学家斯蒂芬·霍金（Stephen Hawking），2009

　　猞猁学院完全是私人的冒险事业，当切西于1630年去世后，它很快就衰败了。猞猁学院的后继是成立于1657年的佛罗伦萨实验学院（Academy of Experiment in Florence），创立者是伽利略的两位弟子，埃万杰利斯塔·托里拆利（Evangelista Torricelli, 1608—1647）和文森佐·维维安尼（Vincenzo Viviani, 1622—1703）。它也是短命的，关闭于十年后的1667年，彼时科学发展的中心已从意大利转移到了不列颠、法兰西、德意志、比利时和尼德兰等地区。

　　最了不起的科学社团是伦敦王家学会（Royal Society of London）①。虽然正式成立要到1660年，但其起源可上溯到17世纪40年代科学家们开始集会讨论的"无形学院"（invisible college）。在初创时，学会有12位会员，包括英格兰建筑师克里斯多弗·雷恩（Christopher Wren, 1632—1723）爵士和爱尔兰化学家罗伯特·玻义耳（Robert Boyle, 1627—1691）。雷恩在创会演说中提出要建立"一座旨在促进数理实验知识的学院"。学会计划每周集会观摩实验并探讨科学课题，罗伯特·胡克（Robert Hooke, 1635—1703）是第一任实验主管。起初，该组织似乎没有名称，王家学会之名最早出现在1661年的印刷品上，又据《1663年的第二王家特许章程》（Second Royal Charter of 1663），学会被称作"伦敦王家自然知识促进学会"（The Royal Society of London for Improving Natural Knowledge）。这是各类"王家学会"中的第一家。1661年，学会始建了一座图书馆，后来又建了一座科学标本博物馆，至今仍保存有胡克的显微载玻片。1662年后，学会被授予出版书籍的特许，最早的两部

年轻时的罗伯特·玻义耳

————————
① 在汉语语境中，习惯上被叫作"皇家学会"，但所谓"大英帝国"不是正式国号，英国王室也并非一直保有"皇帝"（"印度皇帝"或"印度女皇"，1877—1948）的头衔。

罗伯特·胡克没有同时代的
肖像存世。直到1710年，
王家学会尚存有一幅胡克肖
像，据传毁于牛顿之手

罗伯特·胡克的显微镜

罗伯特·胡克的《显
微图谱》第一次揭示
了生命的微小细节

书之一便是胡克的《显微图谱》（*Micrographia*）。1665年，王家学会出版
了第一期《哲学会刊》（*Philosophical Transactions*），这份最古老的科学期
刊至今仍在不断出版。

1666年，王家学会很快被巴黎的科学院（Académie des Sciences）[①]借
鉴。科学院的院士未必是科学家，拿破仑·波拿巴（Napoléon Bonaparte）一
度当选[②]。伟大的科学事业旋即成为民族自豪感和国际竞争力的一个来源，
尤其是对法兰西共和国和拿破仑的法兰西帝国而言。

最好的科学工具——大脑

不依靠设备，也不进行实验，亚里士多德想出的模型描述了不同条件
下的物质性质和物体行为，这对当时已知的事物是有效的。到20世纪初，
物理学家阿尔伯特·爱因斯坦（Albert Einstein, 1879—1955）单凭纸笔就革
新了物理学以及科学的宇宙观。正像亚里士多德那样，爱因斯坦通过观察
宇宙来发展理论，处理当时无法以实验乃至测量来真切探究的现象。

① 全称是"巴黎王家科学院"（Académie Royale des Sciences de Paris）。
② 拿破仑于1797年当选大革命后组建的法兰西研究院（Institut de France）数理学部
院士，1798年在开罗创建埃及研究院（Institut d'Égypte）并当选副主席。

但与亚里士多德不同的是，爱因斯坦还遵循了牛顿在1678年开创的实践之路，他严格地运用数学，既支持了自己的论点，又揭示了自己的体系对当时已知的事物是有效的。爱因斯坦做出的预测

巴黎先贤祠（Panthéon）里的傅科摆形象地演示了地球绕地轴的自转

业已被观察和实验证实。如今，大量数学常被用于检验一个新的物理模型，就此而论，现代的物理学家比他们的先辈更具优势。他们现在有计算机在手，可以快速地计算，而就在不那么遥远的过去，这还可能会耗尽一生。

但在一切科学发展的背后，是人类的才智和好奇驱动了进步，在古希腊的学术园林①中便是如此，在今日的大学和研究室里亦是如此。

---

① 比如柏拉图的阿卡德穆学园（Academia）和亚里士多德的吕克昂学园（Lyceum）。

第1章
物质之上是灵明

　　难以想象，一个看上去密实的物体竟是由许多极小粒子和大量虚空构成的。更古怪的是，我们静下来琢磨，这些粒子本身比宏观物质还要空旷。物质不连续乃至包含大量虚空的观念——这是对现代原子论的一种恰当表述——首次提出大约是在两千五百年前。即便如此，大多数科学家开始接受原子论也不过是一个多世纪前的事。在此之前的多数时间里，这种构想都是被质疑的，甚至是被奚落的。

《丰饶女神与四元素神》（*Ceres and the Four Elements*），
老扬·勃鲁盖尔（Jan Brueghel the Elder, 1568—1625）

谁是第一位物理学家

"自然哲学"或者我们今日所谓之"科学"，就像西方文化的其他支柱一样，起源于古希腊。我们能叫出名来的第一位物理学家是活跃于公元前5世纪的阿那克萨哥拉（Anaxagoras）。彼时正值逻辑学初创，他试图将自己的各种观察和实验结果纳入一个逻辑框架，使他能够理解并阐释世界的本质。阿那克萨哥拉追寻的是一个物质性的宇宙观，其中不需超自然力或神力的介入，这个体系中的万事万物皆可凭理性来解释——这是一个纯粹的科学模型。他将自己限制在可感知的那类物质，为物理学家们设置了一个处理可见物质世界的模式，这套模式将延续近两千五百年。

物质的种子

在阿那克萨哥拉看来，自然界的核心特征是变化。他视万事万物处于永恒的运动之中，一个事物在无止境的循环中转化为另一个。他说，物质不可能无中生有，也不会凭空消失，他与早期思想家巴门尼德（Parmenides，约前515—约前445）和米利都的泰勒斯（见第3页）共享这一信念。很久以后，同样的信念又被法国化学家安托万·拉瓦锡（Antoine Lavoisier, 1743—1794）表述为质量守恒定律（law of the conservation of mass）。此外，阿那克萨哥拉声称，所有物质都是由同样的基础成分构成的——本质属性，或者说基本材质的"种子"（seeds）。这些属性总是以对立的形式成对存在，比如热和冷、暗和亮以及甜和酸。每种属性的总量始终是一样的。这些种子主要构成有机质（血、肉、树皮和毛发）。

阿那克萨哥拉相信，物质的任何部分，无论多么小，都包含所有可能的属性（或质料）。这意味着物质必能无尽分割。占主导地位的属性是明显的，也使材质具备可观察的特征，而其余属性则是潜藏的。故而，一棵树的树皮多于毛发，但它还是每样都不缺——它只是没有足够的毛发来显现"毛茸茸"之态。这就解释了任一材质何以能由别的材质制造出来，因为它只需要以全部属性（或质料）的不同占比来形成新的材质。

灵明予物质以生命

阿那克萨哥拉将一种额外成分置于未定，这就是"灵明"（mind）或"努斯"（nous）。他相信，灵明并非广泛存在于所有物质中，它只存在于有生命的（活的或有意识的）东西里。不过，灵明还有一个额外的作用：太初之时，物质尚未分化出不同形态，各是一堆由灵明法则归入"适当"物类的同质粒子或浆体。虽然这听起来像有一个神圣实体来创世造物那样

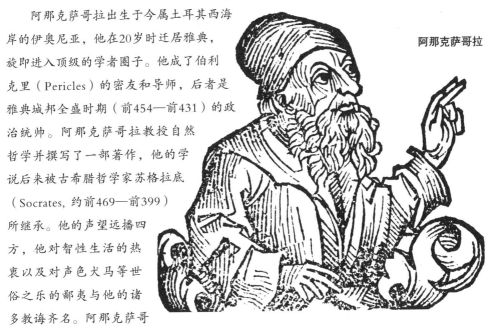

阿那克萨哥拉（Anaxagoras，约前500—约前430）

阿那克萨哥拉出生于今属土耳其西海岸的伊奥尼亚，他在20岁时迁居雅典，旋即进入顶级的学者圈子。他成了伯利克里（Pericles）的密友和导师，后者是雅典城邦全盛时期（前454—前431）的政治统帅。阿那克萨哥拉教授自然哲学并撰写了一部著作，他的学说后来被古希腊哲学家苏格拉底（Socrates，约前469—前399）所继承。他的声望远播四方，他对智性生活的热衷以及对声色犬马等世俗之乐的鄙夷与他的诸多教诲齐名。阿那克萨哥拉献身于精神生活以致不计其余而坐吃山空。

阿那克萨哥拉

尽管在雅典学界领袖群伦，但他最终还是离开了生活近30年的城邦，他的晚年生活鲜有人知。阿那克萨哥拉逝世于达达尼尔海峡沿岸的兰普萨库斯，享年70岁左右。但在身后，他的影响仍持续了一个世纪。

在阿那克萨哥拉的图景中，像獾这样的自然之物靠"努斯"或"灵明"赋予生命，将皮毛骨血之类的种子混合到一起；无生命之物以不同占比分享同样的种子，但没有"灵明"

唬人，但阿那克萨哥拉仍坚定地在他的世界描述里排除迷信或宗教。他的"灵明"并不是一个有智能的造物者，而是某种激励要素，它激发了旋转周遭基本物质的自然力，使之分离、分化再形成诸如地球和太阳这样的物体。由于阿那克萨哥拉的完整文稿没有保存下来，实难说清灵明的作用。不过，柏拉图提到，苏格拉底曾购买过阿那克萨哥拉著作的抄本，因为苏格拉底以为其中涉及对造物智能的解释，结果他大失所望。

万物皆变

阿那克萨哥拉有一个模型，其中物质不生不灭，但要以

当一棵树燃烧时，其成分重新排列的程度相当剧烈

物质随时间的位置改变来解释我们周遭世界的变化无常。砍伐一棵树，再把木料做成船，物质转移并重新排列，但类别和数量（将船、余料和木屑一并算上）一如之前。其他变化需要更多材质上的重新排列：例如，用火烧一棵树会产生灰烬、水蒸气和烟，这些产物看起来就完全不像木料了。由于每一个对象都以不同占比包含所有可能类别的物与质，故而每类物质都有从任一对象中衍生出来的潜力——例如，植物可以通过重排或提取物类从土壤

中生长出来。

阿那克萨哥拉意识到，要达成这样的效果，物质的组成部分（种子）必须极小，否则不可能有我们日常所见之变化。物质成分无穷小的要求为该模型带来了无法克服的难题。

不可分割的部分

"原子"（atom）这个词源于古典希腊文的atomos，意为不可切割的或不可分开的。万物皆由极小且不可分割的粒子构成，这一观念源自公元前5世纪留基伯（Leucippus）及其弟子德谟克利特（见第3页）的著作。德谟克利特远比他的老师更出名，以至于古希腊哲学家伊壁鸠鲁（Epicurus，前341—前270）甚至怀疑留基伯是否存在。没法说清原子模型的哪一部分来自留基伯。原子论主张，组成宇宙的物质是由存在于虚空的微小且不可分割的粒子构成的。任一具体材质的原子都有同样的大小和形状，都由同样的质料生成。

如果原子是微小且同质的（homoiomerous）粒子，自然就会产生一个疑问——为何它们不能被进一步分割？即使德谟克利特有一个答案，也没有留存下来。同质的原子或许内部没有空隙（而更大块物质的原子间存在空隙），这本身就意味着它们不可分割。

物质由无穷小粒子构成，该模型也有一个内禀的悖论。阿那克萨哥拉所谓无穷小的意思是，这些粒子比任意小的度量都要小，但要比零大。虽是如此，他相信，每个物体都含有无穷多的粒子，不管选取多么小的一

同质体（homoiomeries）

阿那克萨哥拉与后来的古希腊思想家区分了同质（homoiomerous/homogenous）和非同质的材质。同质材质是指所有部分皆如整体的材质。一块金子是同质的，因为不管选取多么小的一块，仍具备一大块金子的属性。一棵树或一艘船不是同质的，因为它能被拆分成具有不同特征的部分。按现代观点，同质体就是单质或化合物的纯净物[①]。

――――――――――――

[①] 这里要区别同素异形体（allotrope）或同分异构体（isomer）组成混合物的情况。

> 虚无出于虚无。
>
> ——《李尔王》第一幕，第一场（*King Lear*, Act I, Scene 1）

部分，总会有每种物质类型中的一些。如果原子或种子在空间中没有广延（尺寸为零），那么即便是拥有无穷数量的它们也不能构成有限尺寸的物质。这一两难困境为后来的古希腊思想家带来了无法克服的难题，导致原子模型陷入低谷，在其中徘徊了两千年。

有东西还是没有东西

截至目前，原子论听起来非常类似阿那克萨哥拉的模型，不同在于，阿那克萨哥拉让所有物质都浮沉于物质性的气或以太之中，而原子论者认为物质粒子存在于虚空之中。德谟克利特（或留基伯）率先提出了虚空的假设，而它对物质的运动显然是必要的：在一个塞满物质的宇宙中，每一寸空间都已被占用，故而不能再容别的东西在其中运动。当有东西运动时，它不仅要转移到空旷区域或将别的东西推入空旷区域，还要在背后留下空旷区域。然而，早期的思想家否认虚空（"什么都没有"）的存在，德谟克利特倚仗我们可感知的证据——众所周知，东西会运动——将虚空确立为一个合理的概念。再者，我们能看到，宇宙由许多东西构成（宇宙是多元的），如若没有空旷区域，所有物质都会连成一体。多元和变化都要求虚空的存在。

原子物质与元素物质

对今人而言，原子和元素都是同一宇宙模型的部分。元素①在化学上是纯净的，每种元素都是由相同原子构成，比如所有的金元素都是由金原子构成的，而所有的氢元素都是由氢原子构成的。另一方面，化合物则包含两种或更多元素的原子，比如二氧化碳包含碳原子和氧原子。但在古代的物质理论中，原子和元素分属不同的模型。

————————————

① 或者说单质（elementary substance）。

色泽光亮的金属铜仅由铜原子构成

化合物硫酸铜的蓝色晶体由
铜原子、硫原子和氧原子构成

四大元素或五大元素

恩培多克勒（Empedocles，约前490—
约前430）曾教诲，构成万物者乃"四根"
（four roots）：土、气、水和火。重构并
捍卫这个模型的正是亚里士多德，他或许
是西方历史上最了不起且最有影响力的思
想家。

柏拉图将四根重新命名为"元素"
（elements），而亚里士多德使用了这个术
语。每一种元素都可被两种属性表征，这
些属性来自天然的对立面——热和冷、湿和干。所以，土元

一份12世纪抄本对四
元素的人格化描绘

素既冷又干，水元素又冷又湿，气元素既热又湿，而火元素
又热又干。这些属性还构成了健康和疾病模型的基础，这个
模型基于希波克拉底（Hippocrates，约前460—约前370）或其学派门人提
出的四体液说（four humours），影响延续到19世纪。

根据元素理论，所有物质都天然占据一个与其元素相关的领地，物质
总是趋向于它的天然领地。土元素占据最低的位置，火元素占据最高的，
水元素和气元素则在二者之间。这解释了物质世界中某些类型的运动：重
物落向大地，因其主要元素是土；烟由占据高位的火和气组成，故而上
升。某一元素一旦位于它的天然位置，它就不再运动，除非有东西迫使
它动。

以太：一种不可探测介质的2500年

以太或精质最早是作为第五元素出现在古希腊思想中的。这是诸天之元素，并不参与尘世物质的形成。它被视为众神的天然领地，是不变而永恒的。它被认为只做圆周运动，因为圆是完美的形状。以太的密度差异被认为是天体存在的原因。伟大的法国哲学家兼数学家勒内·笛卡尔（René Descartes, 1596—1650）认为，视觉可能源于施加在以太上的压迫转移到了眼睛上（见第44、45页）。以太概念在19世纪的复兴靠的是苏格兰科学家詹姆斯·克拉克·麦克斯韦（James Clerk Maxwell, 1831—1879），他解释了光及其他形式电磁辐射的传播（见第52、53页）。

荷兰物理学家亨德里克·洛伦兹（Hendrik Lorentz, 1853—1928）在1892—1906年发展出了关于一种抽象电磁介质的理论，但到阿尔伯特·爱因斯坦在1905年发表他的狭义相对论时，以太被完全抛弃了（见第55、56页）。

近来，一些宇宙学家又提出了某种弥漫宇宙的以太，这或许与暗物质有关。

除了四大元素，还有一种非常特别的第五元素（或者"精质"[1]），名为"以太"（aether或ether）。"以太"的概念从未彻底退场，它时隐时现历经千百年。

虽然按今日之理解，德谟克利特的原子模型事实上更接近实际情况，但恩培多克勒、柏拉图和亚里士多德偏爱的四元素说在历史上更为流行。在中世纪早期的阿拉伯思想家重振并发展古典希腊思想时，继承发扬的正是元素模型。此后，它被翻译成拉丁文，然后是其他欧洲语言。两千多年来，它一直是思考物质本性的基石。

变了又变

巴门尼德（见第12页）根本没法解释变化，而原子论者用虚空来容纳物质的变化，亚里士多德则将一切变化阐述为状态间的转化。这牵涉对等

---

[1] 英文 quintessence，源自拉丁文 quinta essentia（第五元素）。

亚里士多德（Aristotle，前384—前322）

亚里士多德出身于马其顿王国斯塔吉拉的一个御医家庭，却幼失怙恃。他在18岁左右遵照德尔斐神谕（Delphic oracle）迁居雅典，进入阿卡德穆学园，拜入柏拉图门下。他成了柏拉图最有名的得意门生。公元前342年，亚里士多德重返马其顿王国，担任马其顿王菲利普二世（Philip Ⅱ of Macedonia）之子亚历山大的宫廷教师，他的这位学生便是后来的亚历山大大帝（Alexander the Great）。亚

亚里士多德

里士多德考察了所有早期希腊思想家的著作，择善而从，构建了自己的观点，并加以推广。他的著作几乎遍及包括物理学在内的一切学科。他的教诲由阿拉伯学者保存下来，借助12世纪到13世纪的拉丁文翻译在欧洲复兴。此后，亚里士多德的科学思想主宰西方科学，直至18世纪。

的"既成"和"未成"——另一个版本的质量守恒。要成为雕像，便不再是石块或铜块。要作成年男子，便不再是孩童。每一个可变的东西已然具备成为其他东西的潜质，而变化发生时，该潜质就现实化了。然后，它便失去了它既成的潜质，具备了"现实"。

印度的原子论

古希腊学者并非唯一提出原子论的思想家。印度哲学家亦曾提出，物质可由微小粒子构成。我们不清楚是古希腊人还是印度人最先得出原子论，也不清楚他们是各自独立发展出该理论还是一个的传承影响了另一个。印度哲学家迦难陀（Kanada），又叫Kashyapa（迦叶波）[1]，可能生活在公元前6世纪或公元前2世纪（历史学家们未必同意）。如果公元前6世纪的说法是正确的，迦难陀的原子论便先于希腊的传承，还可能影响了后者。

迦难陀的原子论是对元素理论的补充，他提出了五种不同类型的原

---

[1] 此处，"难"读如"傩"，"叶"读如"摄"。

迦难陀（迦叶波）

古印度哲学家迦难陀生于印度的古吉拉特。依传统，他最初名叫迦叶波，但在他还是一个男童时，由于迷恋精微之物，被贤者索玛沙牟尼（Muni Somasharma）赐名迦难陀（源自Kana，意为谷粒）。他主要研究一种炼金术。相传，他在一路进食一路撒残渣时想到了一种原子化的物质理论。据说，他已经意识到没法将食物不断分割成任意小的碎屑，食物最终一定是由不可分割的原子构成的。

子，每种原子各自对应构成印度物质模型的五大元素——火、水、土、风和空，和亚里士多德的模型一样。原子或者"帕玛努"（parmanu）互相吸引，聚集到一起。一个双原子粒子"德维努卡"（dwinuka）具备各组分的属性；它们再聚集成三原子团簇，后者被当作可见的最小物质组分。物质的多样性及不同属性取决于五类"帕玛努"的不同组合和占比。按胜论派（Vaisesika school）所发扬的迦难陀原子论，原子可以有24种可能属性的组合。物质的化学变化和物理变化是在"帕玛努"重组时发生的。与古希腊哲学家不同，迦难陀相信原子可以瞬间生灭，但不能被物理或化学手段摧毁。

耆那教的原子论可追溯到公元前1世纪甚至更早。在他们看来，整个世界，除了灵魂外，都是原子组成的，每一种原子都有一种味感、一种香感、一种色感以及两种触感。耆那教所谓的原子处于永恒的运动中，通常是沿直线，除非被其他原子吸引而遵循弯曲路径。还有一种有关极性荷的概念，即粒子具有光滑或粗糙的特征，使之能够结合到一起。原子可以组合生成6种"蕴"（aggregates）中的任意一个：土、水、影、尘（sense objects）、业（karmic matter）和否（unfit matter）[1]。关于原子如何运动、相互作用及聚集，有复杂的理论。

伊斯兰的原子论

不论印度的还是希腊的理论哪个最早，二者皆是由早期伊斯兰学者融合传承下来的。古希腊人的教诲在东罗马帝国（拜占庭帝国）存续，又

---

[1] 此处的"蕴""尘""业"参照汉传佛经的习惯译法。

经早期阿拉伯学者的翻译和评注得以复兴。伊斯兰的
原子论主要有两种形式，一种更接近印度式的，而另
一种更接近亚里士多德式的。最成功者要属阿沙里派
（Asharite）的加札利（al-Ghazali, 1058—1111）的工
作。在加札利看来，世间唯有原子永恒，其余万物只会
刹那生灭，谓之"无常"（accidental）。无常之物可以
是感知之因，却不可能是其余事物之因。

几年后，生于西班牙的伊斯兰哲学家阿维洛伊
（Averroes，本名Ibn Rushd，1126—1198）抛弃了加札利的模
型，全面评注了亚里士多德的著作。阿维洛伊对中世纪晚期
的思想影响甚大，他促进了基督教和犹太教的学术界接纳亚
里士多德的学说。

加札利属阿沙里派，这
一教派相信人类的理性
离开神圣的天启就没法
确证物质世界的真相

在中世纪后期，诸多
阿拉伯的作品被翻译成拉丁
文，这使古典希腊思想被引
介入西欧。亚里士多德的学
说被天主教会接受，只要那
些部分不会与《圣经》或基
督教思想权威的主张直接抵
触。借此，这些学说为公认
的科学和哲学模式奠定了基
础，它们在西方流传，直到文艺复兴时期的欧洲思想家终于
开始挑战并检验古人的教诲。

一场假想的辩论。左边
是尊奉亚里士多德学说
的阿维洛伊，右边是新
柏拉图学派的哲学家波
菲利（Porphyry），他
在阿维洛伊出生前800
年就去世了

从原子到微粒

在13世纪，一位被叫作"伪贾比尔"（Pseudo-Geber）
的匿名炼金术士阐述了一套基于微小粒子的物质理论，他称
之为"微粒"（corpuscle）。（"伪贾比尔"这个怪名儿源
自他在自己作品上署名Geber，这是8世纪的伊斯兰炼金术士Jabir ibn Hayyan
本名的拉丁化形式［见第4页］，纵然这些文献实际上并非贾比尔著作的译
本。）"伪贾比尔"提出，一切物质材料都有一个微粒的内外层结构。他

炼金术

炼金术在哲学和科学上最著名的探索目标是通过嬗变将贱金属变成黄金并产生出一种长生不老药。传说中的哲人石常常被认为是长生药炼制或嬗变工艺的一种基本要素。在古埃及、美索不达米亚、古希腊、古代中国和伊斯兰化的中东，以及中世

纪和文艺复兴时期的欧洲，炼金术以各种不同形式得到实践。炼金术是现代化学和药理学的源头，而在中国的炼丹术中，丹药炼制是一项主要的活动。嬗变的尝试往往始于用铅，但也会用到其他贱金属。诚然，从来没有一位炼金术士的方法是行得通的。

一位在炼金室进行蒸馏的炼金术士

相信所有金属都是不同占比的汞微粒和硫微粒形成的。他靠这一信念来支持炼金术，因为这意味着一切金属都具备变成黄金的必要成分——它们只需经过恰当的提炼或重排。

奥特里库的尼古拉（Nicholas of Aurecourt，约1298—约1369）表述了与"伪贾比尔"的主张类似的看法。尼古拉在巴黎掀起激烈的辩论，那里是当时欧洲的智识中心，辩题是一个连续体是可分割的还是不可分割的。这个问题源于亚里士多德的论断，即一个连续体不能由不可分割的粒子构成。尼古拉相信，一切物质、空间和时间都是由原子、位点和瞬刻构成的，而一切变化皆是原子重排的结果。尼古拉的种种观点触怒了教会，1340年到1346年间，他在受到宗教审判后不得不撤回那些观点。在他看来，一切运动皆为运动物体所固有（因为运动被还原为粒子的移动）。他认为，时间一如物质那样呈颗粒状，是由离散的瞬刻构成的，却不得后世思想家采纳。

早期原子论的一个变体在17世纪流行起来，它得到了爱尔兰化学家罗伯特·玻义耳、法国哲学家皮埃尔·伽桑狄（Pierre Gassendi，1592—1655）、

> 因此，大自然中存在一些中介物，它们能以非常强大的吸引将物体的粒子粘合到一起。而实验哲学的任务就是把它们找出来。现在，最小的物质粒子可以靠最强的吸引结合起来，从而构成效应更弱的更大粒子，其中许多还可进一步结合构成效应还要更弱的更大粒子，如此演替，直到这一进程以形成最大粒子告终，化学反应和天然物体的色彩就取决于这个过程，即结合构成到可感知的体量。如果物体是密实的，并且在弯曲或向内挤压的作用下其各部分没有滑动，那么它就是又硬又有弹性的，它靠各部分相互吸引产生的力量恢复原状。如果有相对滑动，该物体就是可延展的或软的。如果它们容易滑动，且其尺寸适于被热搅动，而热量大到足以搅动它们，该物体就是流体……
>
> —— 伊萨克·牛顿，第二版《光学》的注释
>
> （notes to the second edition of *Opticks*, London 1718）

伊萨克·牛顿等人的支持。它被称为"微粒论"（corpuscularianism），与原子论不同之处在于微粒不必是不可分割的。事实上，炼金术的拥护者（包括牛顿）运用微粒的可分割性来解释汞何以能潜形于其他金属粒子间，为其变身黄金铺平道路。微粒论者主张，我们对周遭世界的感知和体验源自物质的微小粒子作用于我们的感官。

从微粒回到原子

原子论的真正复兴要到皮埃尔·伽桑狄提出一个怀疑论性的世界观，即万事万物的生发都是因为微小粒子遵循自然律的运动和相互作用。伽桑狄在他的方案中排除了能思维的存在者（thinking being），但另一方面，这套发表于1649年的理论却准确得惊人。他认为，物质的特性产生于原子的形状，这些原子可以结合成分子，它们存在于一个广袤的虚空之中——以至于物质的大部分实际上都是空的。伽桑狄的洞见没有形成它本应具备的影响力，因为影响力大得多的笛卡尔直接反

皮埃尔·伽桑狄是一位微粒论的拥护者

虚无的威力

德国科学家奥托·冯·格里克（Otto von Guericke, 1602—1686）创造了——或者说发现了——虚无。这么说的意思是，他证实了前贤否认的真空是存在的。在用风箱做了实验并开发出一台空气泵后，他于1654年在神圣罗马帝国皇帝费迪南三世

（Ferdinand Ⅲ）御前做了一场壮观的演示。他铸造了一分两半的金属球，用泵将里面的空气抽了出来。然后，他演示了真空的威力——毋宁说是大气压的威力——即便是两队马也拉不开两个半球[①]。

奥托·冯·格里克用实验来演示真空

对，后者断然否定虚空的存在。固然，伽桑狄和笛卡尔在某一方面上是一致的：二者都相信世界本质上是机械论性的且遵循自然律。

伽桑狄去世几年后，罗伯特·玻义耳又将原子论搬上前台。1661年，他出版了《怀疑的化学家》（*The Sceptical Chymist*），描述了一个完全由

> [罗伯特·玻义耳]身材高大挺拔，约6英尺（1.83米）高，性格非常温和，为人正直朴素。他终生未婚，守着一辆四轮马车，常在姐姐莱涅拉夫人（Lady Ranelagh）家暂住。他最大的乐趣在化学领域。在姐姐那里，他有一座豪华的实验室，还有几个仆从（给他当学徒）负责照看。他对处于困顿的才俊很慷慨，外国的化学家大多获得过他的资助，因为他会不惜代价去求取任何奥秘。他自费翻译并印刷了阿拉伯文的《新约》，送往信仰伊斯兰教的地区。他不仅在英格兰享有盛誉，声名还广布异域。当有外国人来到这里，拜访玻义耳是他们的必了心愿之一。
>
> ——约翰·奥布里《名士小传》

---

① 即著名的"马德堡半球实验"（Magdeburger Halbkugeln），格里克时任马德堡市长。

原子和原子团簇组成的宇宙，一切都处于永恒的运动中。玻义耳提出，所有现象都是运动原子碰撞的结果，他号召化学家去探究元素，因为他怀疑世上的元素不止是亚里士多德确认的四种。

1689年的罗伯特·玻义耳，彼时他离去世尚有两年，但已是日薄西山（年轻时的画像见第7页）

理性时代

理性时代通常是指始于1600年左右的年代，彼时西欧和美洲新殖民地的哲学氛围是人类探索信心的来源之一。它延续着文艺复兴以来的乐观和成就的繁荣，在中世纪占支配地位的自认有罪的那种贬低或卑微的人类观终于转变成了对人类成就和潜力的颂扬。理性时代既驱动了科学、技术、哲学、政治思想和艺术的发展，又被它们的发展所驱动。

这一时期的哲学有时被划归到理性论和经验论两大阵营。理性论者主张推理是通向知识的路径，经验论者则偏爱观察我们周遭的世界。这大致遵循了古代思想史对柏拉图（理性论者）和亚里士多德（经验论者）的划分（见第2页）。经验论者的观点直接导致了科学的实验法和观察法，理性论则喜好数学和哲学方法。不过，这二者间并没有明晰的界限，因为理性演绎得出的推论往往要经受经验方法的检验。这些方法共同形成了科学革命的基础。科学方法的发展是理性时代的伟大胜利之一，它彻底改变了科学发现的进程。

固体物理学的诞生

不论称之为原子还是微粒，承认物质是由微小粒子构成的，自然会导致一系列疑问，诸如它们的形状如何？它们如何结合成连续的物质？不同类型的物质如何相互作用？物理变化（熔化、凝固、升华等）何以同粒子

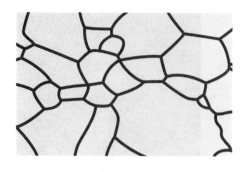

钢的显微结构。17世纪的科学家还没有用显微镜观察金属

模型相关？17世纪的物理学家推演出物质结构模型靠的是观察材质的特性和行为——有时会导致他们得出相当离奇的推论。

在观看了锻铁的生产之后，笛卡尔推断出铁的粒子以某种方式结合成晶粒，而晶粒内部的凝聚力要远大于晶粒之间的凝聚力。然而，他没有注意到锻铁中的"晶粒"（grain）形成了一种晶型结构。尽管在理论上显微镜可以揭示这样的结构，但直到17世纪下半叶，显微镜才得到普遍应用。即便如此，它们主要也是被用在生物研究上。当然，没有光学显微镜能够揭示原子或分子的形状。

1671年，笛卡尔派的物理学家雅克·罗奥（Jacques Rohault, 1618—1672）提出，塑性（或柔性）材料的粒子具有缠结在一起的复杂织构，而脆性材料的粒子则具有仅在几个点上相互接触的简单织构。1722年，法国思想家勒内·安托万·菲绍特·德·雷奥姆（René Antoine Ferchault de Réaumur, 1683—1757）确证了与前人信念相左的观点，钢并非纯化的铁，反而是添加了"硫和盐"[①]的铁，这些材质的粒子分布在铁的粒子之间。

17世纪的炼铁场景，一如笛卡尔当年所见

除靠想象，别无他法，物理学家琢磨出了一些奇形怪状的粒子。1696年，尼古拉斯·哈特索克（Nicolaas Hartsoeker, 1656—1725）断言，空气是由中空小球构成的，这些空心球又是由线状环构成的，氯化汞是一种汞小球，上面插有盐和矾的针状体或片状体，而铁的粒子具有可相互啮合的齿，使其遇冷则硬。他力主铁受热可延展是因为这些粒子充分隔离以允许相对滑动。琢磨物质的

---

① "硫""盐""汞"是炼金术中的三要素，并非特指现代化学中某种元素或化合物。

结构是一场游戏，哈特索克在自己作品的结尾鼓励读者参与进来："我实在不愿剥夺读者遵循前文所确立的原则自己去一探究竟的乐趣。"

原子与元素

罗伯特·玻义耳鼓励化学家去寻找土、水、气和火之外更多的元素，这是正确的，但还得要一段时间才能排出一张化学元素表。安托万·拉瓦锡于1789年创造出了第一个现代化学意义上的成果，他将之收录进一份清单，上面列有33种元素——不能再进一步分解的材质。遗憾的是，拉瓦锡的清单收入了光和"热质"（caloric），他认为热质是一种流体，热质的运动会产生热量的增减。拉瓦锡并不认为他的元素清单已然完备，他为后世进一步的探究和发现留有余地。他也没有把自己的元素清单排成周期表——这项工作要留待俄国化学家德米特里·门捷列夫（Dmitri Mendeleev, 1834—1907）在1869年完成。周期表与物理学的发展相关，依照特性排列元素启示了原子序数的意义及其与化合价（元素结合到一起的方式）的关系。

作为一位经验论者，拉瓦锡声称自己的工作是"尽力……综合事实以抵达真相；尽可能少用推理，这不可靠的工具往往会误导我们，为的是尽可能追随观察和实验的指引"。他的另一贡献后来被证明对在原子层面理解化学反应是很重要的，即拉瓦锡质量守恒定律（Lavoisier's law of conservation of mass）——他认识到质量在化学反应过程中永远不会有所增减。尽管排出了一张元素清单，但是他并不相信原子的存在，他认为这在哲学上是不可能的。

安托万·拉瓦锡，第一位真正的化学家

安托万-洛朗·德·拉瓦锡

（Antoine-Laurent de Lavoisier, 1743—1794）

安托万·拉瓦锡（这是法国大革命后的称呼方式，那时候一个花哨的贵族式全名成了一种累赘）是一位富裕律师的儿子，他自己最初学的也是法律。转向科学后，他先研究的是地质，后来却对化学越来越感兴趣。他有自己的实验室，他的实验室和他家不久便成了自由思想家和科学家的聚会中心。

拉瓦锡被称作是现代化学之父。他的成就丰富而多样。除了列出元素清单外，他还确认了氧在燃烧和呼吸中的角色，认识到类似的反应具有普遍性。这就推翻了自古流传的燃素理论（燃素是一种假想的材质，它会在物质燃烧时被释放出来）。

拉瓦锡在政治上是自由派，他支持催生法国大革命的那些理念。他曾供职于一个筹划经济改革的委员会，亦曾提议改善巴黎监狱和医院的恶劣条件，但这最终并没有解救他自己。在恐怖统治下的1794年，他被送上断头台处以死刑。据闻，他曾央求推迟行刑以便完成自己的实验，却被告知"共和国不需要科学家"。传说，他要一位助手数一数在他的头从身体上被砍下来后他还能眨眼多少次，这个故事流传甚广，但多半是杜撰的。

砍下这颗头颅只需要一瞬，而要再长出这样一颗头颅，或许一百年都不够。

——法国数学家、天文学家约瑟夫-路易·拉格朗日
（Joseph-Louis Lagrange）谈及拉瓦锡受刑，1794

万物成比例

确立原子的存在是一个良好的开端，但为了用它们来构造连续的物质，且涉及的元素不限于拉瓦锡确认的种类，还需要将原子结合到一起的方法。对早期的原子论者来说，原子如何聚集成团的确是个难题。牛顿笔下的"大自然中的中介物"（Agents in Nature）就可以将原子结合到一起（见第23页）。

探究原子怎样结合的第一步是要确定它们在化合物中的占比。法国化学家约瑟夫·普鲁斯特（Joseph Proust, 1754—1826）在1798—1804年曾执掌马德里王家实验室（Royal Laboratory in Madrid），他借助实验推演出了定比定律（law of definite proportion）。这个定律说的是，在任一种既定的化合物中，元素总是按同样的整数质量比结合。

约翰·道尔顿

就在拉瓦锡被送上巴黎断头台的几年后，英格兰化学家约翰·道尔顿（John Dalton, 1766—1844）进一步发展了这一观念，从而奠定了现代原子理论的基础。他的工作始于1803年，发表于1808年，阐述了以下关于原子的五个发现。

（1）所有元素都是由原子构成的。

（2）一种给定元素的所有原子都是一样的。

（3）一种元素的原子不同于其余任何元素的原子，它们可以用各自的原子量来区分。

（4）化学过程不会产生、毁灭或分裂原子。

（5）一种元素的原子可以和另一种元素的原子结合生成一种化合物；对一种给定的化合物，其所含每种元素的占比总是一样的。

道尔顿发展出了倍比定律（law of multiple proportions）。不仅限于研究

世界之灵！是你的激励，

让混沌的物质种子趋向一致，

是你让散乱的原子联结，

遵循你那真实的比例，

各处纷繁，构成一个完美的和谐。

——尼古拉·布拉迪（Nicholas Brady），《圣塞西莉亚颂》

（*Ode to St Cecilia*, 约1691）

阿米迪欧·阿伏伽德罗

两种元素形成的简单化合物，他还探讨了能以多种方式结合的元素。他发现，相对比例总是小的整数比。例如，碳和氧可以形成一氧化碳（CO）或二氧化碳（CO_2）。在CO中，碳元素和氧元素的质量比为12：16，而在CO_2中，质量比为12：32。故而，CO和CO_2中的氧原子数量比为1：2。

根据元素结合的质量比，就有可能算出相对原子质量。以氢原子的质量为基本单位（单位1），道尔顿根据化合物中每种元素的质量算出了原子质量。然而，他误以为简单化合物总是以1：1这样的数量比形成——所以他认为水是HO而非H_2O——结果，他的原子序数表里有一些严重的错误。此外，道尔顿也没意识到一些元素是以双原子分子（即成对形成分子，比如O_2）的形式存在的。这些基本的错误在1811年得到修正，彼时意大利化学家阿米迪欧·阿伏伽德罗（Amedeo Avogadro, 1776—1856）意识到，同温同压下，给定体积的任意气体都含有相同数量的分子（关乎阿伏伽德罗常量6.0221415×10^{23} mol^{-1}）。据此，阿伏伽德罗算出2升氢气与1升氧气反应所得气体中的氢氧原子数量比为2：1。阿伏伽德罗——全名为夸雷格纳和切雷托的洛伦佐·罗马诺·阿米迪欧·卡洛·贝纳德特·阿伏伽德罗（Lorenzo Romano Amedeo Carlo Bernadette Avogadro di Quaregna e Cerreto）——如今被视作原子–分子理论的开山祖师。

有没有原子？

虽然事后看来道尔顿的工作令人信服，当时的科学家却没有被他的解释征服，物理学家仍然分立为两大阵营——一派接受原子很可能存在，另一派则不接受。幸运的是，继续研究气体在实践上有充分的理由。蒸汽机的发展导致大家对热力学的兴趣与日俱增，故而越来越关注对原子特性和行为的考察。原子的行为或许和气体受热膨胀的作用有关，也可能与19世纪中叶建立的热力学定律有关。

关于物质由微小粒子构成，第一
个可见的证据——虽然没有立即得到解
释——是苏格兰植物学家罗伯特·布朗
（Robert Brown, 1773—1858）在1827年
发现的。布朗在显微镜下观察水中的
微小花粉粒，注意到它们不停游走，
好像有什么看不见的东西在碰撞它们。
他发现，即便花粉粒已被储存了百年，
还是会发生同样的运动，这就表明该运
动不是来自活的花粉粒本身。布朗没法
解释他看到的现象，所以今天被称为

罗伯特·布朗

布朗运动（Brownian motion）的现象在很长一段时间内都没
怎么引起注意。1877年，德绍尔克斯（J. Desaulx）重新考察
了这个现象，他提出"以我之见，这个现象是［粒子的］液体环境中的受
热分子运动的结果"。法国物理学家路易·乔吉斯·古伊（Louis Georges
Gouy, 1854—1926）在1889年发现，粒子越小，这种运动越
显著，显然符合德绍尔克斯的假设。奥地利地球物理学家费

1905年时的爱因斯坦

利克斯·马里亚·埃克斯内（Felix Maria
Exner, 1876—1930）在1900年测量了这种
运动，将之与粒径和温度联系起来。这
就为阿尔伯特·爱因斯坦在1905年建立
数学模型解释布朗运动[1]铺平了道路。爱
因斯坦确定，分子要为这种运动负责，
他还首次实现了对分子大小的估计。这
一理论在1908年被法国物理学家让·佩
兰（Jean Perrin, 1870—1942）证实，他
运用爱因斯坦的模型测量了水分子的大

---

[1] 基于爱因斯坦在1905 "奇迹年"（annus mirabilis）发表的两篇论文《分子大小的一
种新测定》（Eine neue Bestimmung der Moleküldimensionen）和《热的分子运动论所
要求的静液体中悬浮粒子的运动》（Über die von der molekularkinetischen Theorie der
Wärme geforderte Bewegung von in ruhenden Flüssigkeiten suspendierten Teilchen）
以及1906年发表的《布朗运动的理论》（Zur Theorie der Brownschen Bewegung）。

原子：生死攸关之物

关于原子是否存在的争论贯穿整个19世纪，一些物理学家断言原子只是一个有用的数学构想而非实在的一部分。这场争论在情感和理智上困扰着路德维希·玻尔兹曼（Ludwig Boltzmann, 1844—1906），这位奥地利物理学家及坚定的原子论者致力于寻求一种调和两派观点并终结争论的哲学。他借用了德国物理学家海因里希·赫兹（Heinrich Hertz, 1857—1894）的观念，以原子为表象（Bilder）。这意味着，原子论者可以将它们看作是真实的，而反原子论者可以将之视为一种类比或意象。但两派都不满意。玻尔兹曼决定以哲学家的方式设法驳斥反原子论的诘难。1904年，在美国圣路易斯召开的一次物理学会议上，玻尔兹曼发现大多数物理学家都反对原子论，他甚至都没获邀参加物理分组会。1905年，他开始与德国哲学家弗兰茨·布伦塔诺（Franz Brentano, 1838—1917）通信，期望论证哲学应该从科学中被剔除（英国宇宙学家霍金在2010年呼应了这个观点），却落得个灰心丧气。玻尔兹曼对大多数反对原子论的物理学家不再抱有幻想，这最终促成他在1906年自缢身亡。

路德维希·玻尔兹曼

让·佩兰

小。这是分子存在的第一个实验证据，佩兰因此获得了1926年的诺贝尔物理学奖。最终，只有特别顽固的科学家[1]才会否认原子和分子的存在。

原子还可分割吗？

如果我们所持的是德谟克利特的观点，即原子为不可分割的最小物质成分，那么原子就还不算严格意义上的原子。正当爱因斯坦和佩兰证实原子

---

① 比如极具威望的奥地利物理学家恩斯特·马赫（Ernst Mach）。

存在时，更小亚原子粒子的迹象开始浮现。随着英国物理学家约瑟夫·约翰·汤姆逊（Joseph John Thomson, 1856—1940）在1897年发现电子（见第118页），原子的不可分割性随即受到挑战。原子享有"终极粒子"称号的时间不过短短几年。但在探入原子内部之前，我们先来看看一些通常被认为没有任何成分的对象：光、力、场和能。

第2章
光为我所用

　　数千年来，人类先后利用过日光、月光、星光、火光乃至灯光。光对我们的存在是如此重要，以至于它常被当作赋予生命或开天辟地的力量，与宗教信仰和迷信观念紧密联系在一起。故而，在大多数历史记载中，光都占据一个特殊的位置。几个世纪以来，人们将之视为一位神、一种元素、一种粒子、一种波，最终发展到波粒二象性。因为光与视觉紧密相关，光学研究自然要包括光和视觉。大约一百年前，科学家开始认识到可见光不过是整个电磁辐射谱上的一部分。

发现白光由不同色光组成是光学研究中的一大突破

光之第一瞥

卢克莱修《物性论》
（*De rerum natura/On the nature of things*）的扉页

关于光本质的观念，最早是被记录在5世纪或6世纪的印度。数论派（Samkhya school）将光视作构成"五大"（the gross elements）的"五微尘"（five fundamental subtle elements）之一。持原子论世界观的胜论派主张，光是由一连串快速流动的火原子构成的——类似于当前的光子概念。公元前1世纪的印度文献《毗湿奴往世书》（*Vishnu Purana*）把阳光写作"太阳的七束射线"（seven rays of the sun）。

古人无法把光从视觉中分离出来。公元前6世纪，古希腊哲学家毕达哥拉斯（Pythagoras, 约前570—约前495）提出，光束像触须那样从眼睛发出，当光束触摸到物体，我们就看到了它，这个模型叫放射论（emission theory或extramission theory）。柏拉图也相信眼睛发射出的光线使视觉成为可能，而恩培多克勒（见第17页）在公元前5世纪的文章中谈到了一种从眼睛里照出来的火。把眼睛看成一种火炬的观点无法解释我们在昼夜的视力差异，纵然恩培多克勒为此提出这些从眼睛发出的光束必须和太阳或灯之类的另一光源发出的光相互作用。

现存最早的光学著作出自古希腊思想家欧几里得（Euclid, 约前330—约前270），他也接受了放射模型。欧几里得更多是作为一位数学家而知名的，他开启了几何光学（geometric optics）的研究，撰写了有关透视的数学

太阳的光和热，皆由微小的原子组成，当它们被推出，旋即沿着推动方向，朝空气中的间隙发射。

——卢克莱修（Lucretius，约前99—约前55），
《物性论》（*De rerum natura*）

著作。他把视物大小与眼物距离联系起来，还陈述了反射定律（law of reflection）：入射角等于反射角，因此镜子后面的反射像看起来就像镜前的物体一样。

大约三百年后，另一位富有创意的古希腊数学家，亚历山大港的希罗（Hero of Alexandria，约10—70），揭示了在同一介质中光总是尽可能沿着最短路径传播。譬如说，光在空气中传播又在空气中被观察到，就不会有偏折。他意识到光的平面镜反射也不会违背这一原理，他再次论证了入射角和反射角相等。

入射角等于反射角，所以托马斯·杨（Thomas Young，1773—1829，见第52页）在镜子后面的反射像看起来就像镜前的他一样

古希腊数学家欧几里得

与光嬉戏

作为欧洲文化中心的古典希腊[①]衰落了，包括方兴未艾的自然科学在内，许多智识探索也偃旗息鼓了。残余的少数古希腊思想家转往东方。最早对光的实验研究出自古希腊天文学家克劳狄乌斯·托勒密（Claudius Ptolemy，约90—约168），他供职于罗马帝国埃及行省的亚历山大图书馆（Library of Alexandria）。他发现，在进入更致密的介质时（比如从空气进入水中），光会朝边界的垂直方向[②]偏折。为了解释这一现象，他提出光在进入更致密介质时会减速。

虽然托勒密也承认视觉的放射模型，但

① 古典学意义上的古希腊历史分期一般为：荷马时期（前11世纪—前8世纪）、古风时期（前8世纪—前5世纪）、古典时期（前5世纪—前4世纪上半叶）和希腊化时期（前4世纪—前1世纪）。
② 即界面法线的方向，入射光线、界面法线、反射光线和折射光线都在垂直界面的法平面上。

折射导致部分在水里而部分在空气中的物体看起来像是在介质间的分界处断开或偏折

他推断"来自眼睛"的光线与"进入眼睛"的光线行为相同，终于借此将视觉和光的理论统一起来。不过，还要等好多个世纪，大家才会接受，视觉完全是光落到眼睛上的结果而眼睛绝不会"伸出触须抓取"周遭世界的影像。至关重要的一步是阿拉伯学者海什木（见第3页）在1025年左右迈出的，他在欧洲被称作阿尔哈曾（Alhazen）。他的著作被翻译成拉丁文的《论透视》（*De aspectibus*），在中世纪的欧洲颇具影响力。海什木的工作基于最早的阿拉伯科学家肯迪（al-Kindi，约800—870）对光学的研究，后者提出"世上万物……朝各个方向发射光线，弥漫整个世界"。海什木断言传递光和色彩的射线是从外部世界进入眼睛的。他描述了眼睛的结构和晶状体的工作机制，制作了抛物面镜，并量化了光的折射。海什木还声称光速一定是有限的，但要到另一位伊斯兰科学家比鲁尼（见第4页），才首次发现光速远远大于声速。

海什木的工作由希拉兹（Qutb al-Din al-Shirazi，1236—1311）及其学生法里斯（Kamal al-Din al-Farisi）推广，他们解释了彩虹的形成是因为白色的阳光分裂为构成光谱的诸色光。差不多在同一时期，德国弗莱堡的西奥多里克（Theodoric of Freiburg，1250—1310）教授用一个盛水的球形烧瓶揭示了彩虹的形成是由于阳光从空气折射进水滴，进而在水滴中反射，然后再折射出来——从水中回到空气中。他准确地给出了彩虹（在中心和光环之间）的42°角。即便如此，他仍无法弄明白是什么导致了副虹（即霓）。三百年后，勒内·笛卡尔发现光在水滴内

海什木

的二次反射生成了副虹并导致其色光次序的颠倒。

上帝之光

阿拉伯科学家的著作被翻译成拉丁文，通常靠的是摩尔人统治下（受阿拉伯控制）的西班牙学者，这些著作不久便传遍欧洲。研究光学的

彩虹的产生是由于光照进水滴后的折射和反射

早期欧洲科学家包括英格兰人罗伯特·格罗斯泰特（Robert Grosseteste，约1175—1253）及其后学罗吉尔·培根。在格罗斯泰特做研究的时代，对柏拉图的重度依赖正在消退，亚里

海什木（Ibn al-Haytham，965—1040，拉丁名阿尔哈曾Alhazen）

海什木生于后来属于萨非波斯帝国的巴士拉，他接受过神学教育，曾试图弥合逊尼派和什叶派的教义分歧。失败后，他转向数学和光学。他因疯癫之名被囚禁在开罗十年之久，他的大部分光学研究是在这一时期完成的。据说，他曾宣称自己凭借一个工程规划便能阻止尼罗河的泛滥，这个好高骛远的主张使他陷入困境后，他便装疯卖傻。为了检验自己假设的光不会在空气中偏折，海什木制造了已知的第一台暗箱照相机（camera obscura）——暗箱的一端有孔洞进光，在相对的另一面形成可以摹画到纸上的影像。他笃信以实验检验自己的理论。作为一位严谨的实验物理学家，他有时会被奉为科学方法的始祖。

一台针孔照相机或暗箱照相机

> 追寻真理不是去钻研古人著作，不是不加思索地尽信之，而是怀疑之，审问之，是折服于道理和论证。
>
> —— 海什木

士多德的工作正自阿拉伯的传承中复兴。格罗斯泰特借助亚里士多德（见第19页）、阿维洛伊（见第21页）和阿维森纳（见第4页）的学说构建自己的光学研究。作为一位主教，格罗斯泰特的出发点是上帝的创世光，源自《创世记》中的"要有光"。他将创世过程视作一个物理的过程，那是由同心光球的扩张和收缩驱动的。他力主，当一个光球从单一的点光源瞬间扩展开来，光便会无穷无尽地自我生成。他的工作更像形而上学而非形而下的物理学，还有颇具独创性的假设，即创世之法基于光作为"第一形式"（first form）的作用。顺便说一句有趣的题外话，可以进一步表现格罗斯泰特之匠心独运，他似乎是首位提出多重无穷大的西方思想家，他说："……所有奇数和偶数的个数是无穷大的，且大于所有偶数的个数，即便

亚里士多德的是是非非

通过将阿拉伯学者保存的文本翻译成拉丁文，欧洲重新发现了亚里士多德的工作，但它并未立即获得罗马天主教会的青睐。亚里士多德的《博物学著作集》

（*Libri naturales/Books of natural science*）先后在1210年、1215年及1231年被巴黎大学查禁，这意味着它们不能被教授。但到了1230年左右，亚里士多德的全部著作都有了拉丁文版，所以巴黎方面放弃了抵制。1255年，亚里士多德的作品回归教学大纲和必读书目。巴黎的学者得以在亚里士多德的思想园地自由驰骋，当时在巴黎工作的罗吉尔·培根是受其影响的第一批见证人之一。

亚里士多德《物理学》（*Physics*）
拉丁文版的中世纪手抄本

后者也是无穷大的，因为前者还包括所有奇数的个数。"①

　　从牛津大学转到巴黎大学的罗吉尔·培根掌握了1247年到1267年间大部分希腊语和阿拉伯语的光学文献，写出了他自己的作品《光学》（*Optics*）。后来，他制定了一个研究纲领，包括当时大学并不教授的知识，还建立了一个基于自己光学研究的实验科学模型。他提出，语言学和科学的知识可以促进并支持神学研究，这或许旨在安抚罗马天主教会。然而，教会对科学发展的压制仍持续了几百年，科学家若公然违背《圣经》对自然现象的标准阐释，天主教廷当局会处以禁言甚至死刑。

走出黑暗

　　在视觉和光的研究领域，欧洲真正重要的原创工作直到文艺复兴才出现。16世纪到17世纪的科学巨擘，诸如尼古拉·哥白尼（Nicholaus Copernicus, 1473—1543）、伽利略·伽利雷（Galileo Galilei, 1564—1642）、约翰内斯·开普勒（Johannes Kepler, 1571—1630）和伊萨克·牛顿（Isaac Newton, 1643—1727），最终摧毁了主宰科学思想近两千年的亚里士多德学派宇宙模型②，建立起在后来四五百年一直被奉为圭臬的力学和光学的定律。当然，其中以开普勒和牛顿在光学领域功劳最大。

纪念开普勒及其对空间科学贡献的匈牙利邮票

　　开普勒是德国数学家兼天文学家，他相信上帝是按一个可理解的计划构造宇宙的，故而其运转方式可以应用科学的观察和推理来发现。尽管开普勒更出名的工作是在天文学上的全面探索，但他

————————

① 在集合论中，对整数集、奇数集或偶数集这类无穷的可列集合，适用于有穷可列集合的"元素个数"概念被推广为"势"或"基数"（cardinality），而整数集、奇数集和偶数集彼此间存在一一映射（两个集合中的元素存在一一对应关系），所以它们都是"等势的"或"等基数的"。中世纪的格罗斯泰特远早于集合论的奠基论者康托尔（Georg Ferdinand Ludwig Philipp Cantor, 1845—1918），其"匠心独运"在于他意识到了存在不同的"无穷大"（infinity）并试图去比较它们。

② 亚里士多德学派的理论被西欧的天主教会奉为正统不早于 14 世纪。

伽利略的望远镜

伽利略在威尼斯听说望远镜被开发出来，当时有个造访意大利的荷兰人要把这种仪器卖给威尼斯元老院。为占得先机，伽利略孤注一掷，只用了24小时便造出了一台性能首屈一指的望远镜。放弃成倒立像的双凹透镜系统，伽利略的望远镜代之以成正立像的单凹透镜加单凸透镜系统。元老院被说服，推迟了从荷兰人手中购买望远镜的决议。伽利略随后制造了一台更好的望远镜，他向威尼斯督主（Doge of Venice）展示了这台望远镜，得以确保自己拿下帕多瓦大学的终身教授职位。

1609年，伽利略向威尼斯督主列奥纳多·多纳托（Leonardo Donato）展示自己的望远镜

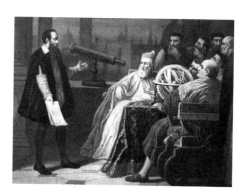

也引入了点对点的光线追踪技巧，用以确定和解释光的路径。借此，他推断出人眼的工作机制是折射进瞳孔的光线聚焦到视网膜上。他解释了眼镜片如何工作——它们被用了三百年左右，却无人真正理解背后的原理——而当望远镜在1608年左右得到更广泛运用时，他也解释了其中的原理。开普勒出版自己的光学著作①是在1603年，近40年后伊萨克·牛顿降世。而第一台天文望远镜是英格兰的莱纳德·迪格斯（Leonard Digges）在16世纪50年代初制造的，这与一个人的工作密切相关，那便是天文学家伽利略·伽利雷。

在库尔德斯坦（伊拉克北部）发现的尼姆鲁德透镜

玻璃透亮

透镜可改变光的路径，它们是最基本的光学元件。在有人可以解释其中原理前，它们早就被开发出来了。现存最早的例证是制造于三千年前

---

① 即《天文光学》（全名 *Ad Vitellionem paralipomena, quibus astronomiæ pars optica traditur*）。

的古亚述尼姆鲁德透镜（Nimrud lens），用的是一块水晶。类似的透镜也用于巴比伦、古埃及和古希腊，也许是用来放大成像或聚焦阳光取火。而古希腊人和古罗马人用装满水的球状玻璃容器来制作透镜，将玻璃透镜磨成所需形状的技术直到中世纪才被开发出来。

用透镜矫正视力的最早记载可能来自古罗马作家老普林尼（Pliny the Elder, 23—79），他记录了尼禄（Nero）在罗马斗兽场（Colosseum）透过一块祖母绿观看角斗赛。从11世纪开始，读书石（reading stones）——玻璃或水晶的凸块——被用来放大文本。大约1280年之后，磨制玻璃透镜

勒内·笛卡尔（René Descartes, 1596—1650）

笛卡尔生于法国图赖讷海耶（La Haye en Touraine）[1]，他的父亲是当地的一名政客。在他一岁时，母亲就去世了。起初，笛卡尔遵照父亲的意愿学习法律和科学，但最后放弃了当律师的计划，把时间花在了研习数学、哲学和自然科学以及独立思考上，还一度投身军旅。幸运的是，他拥有足够的财富以支持这样的生活方式。他被称作"现代哲学之父"，他发展出的笛卡尔坐标（Cartesian coordinates）[2]被英国哲学家约翰·斯图亚特·穆勒（John Stuart Mill, 1806—1873）誉为"在精密科学的进程中迈出了最伟大的一步"。在物理学史上，笛卡尔最重要的哲学创见是机械论模型——他试图将整个宇宙视作机械式的系统，其运转遵循一套成体系的物理定律。

笛卡尔

笛卡尔自幼敏感且乐享安逸。他习惯晚起，自谓平生最好的工作都是在一张舒服的床上做出来的（比如他发展出的笛卡尔坐标系）。年轻的瑞典女王克里斯蒂娜（Queen Christina of Sweden）曾延聘他作自己的导师，坚持要他在凌晨5点来寒冷的书房授课，仅仅5个月，笛卡尔就患上了严重的肺病，最终一命呜呼，享年54岁。

---

[1] 为纪念笛卡尔，该城于1967年最终更名为 Descartes。
[2] Descartes 实际是 de les Cartes，在拉丁文中写为 Cartesius。

创造历史的苍蝇

以笛卡尔命名的笛卡尔坐标系，如今仍被用于标定三维空间中的一个点，与该点位置相关联的是三个坐标轴——x、y和z。他声称，自己在1619年发展出这个坐标系的时候，正躺在床上观察一只苍蝇在卧室一隅嗡嗡乱飞。他意识到，苍蝇在任一给定时刻的位置可以被精确地标定，只需标出它到最近两面墙以及地板或天花板的距离——换而言之，即它的三维坐标。这样简单的观察揭示，一个几何图形可以用数（它到角落的坐标）来表示，而一条曲线可以用一个方程中彼此关联的数组来描述（例如，一条抛物线路径可以绘成图像）。一旦笛卡尔看见并思索了角落里的苍蝇，通过代数来探究整个几何体系就成可能。

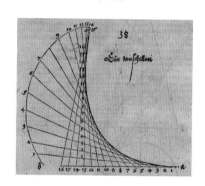

根据到两个坐标轴的距离绘出一系列点，笛氏几何将一个方程表示成一个图像

被用作眼镜片，不过起初没人知道其中的工作原理。16世纪到17世纪，显微镜和望远镜的发展催生了对更精密透镜的需要。随着数个世纪以来磨削技术的进步，改进的透镜导致进一步的发现，然后又激发了对更优良透镜的需求。文艺复兴和启蒙运动时期那些最伟大的科学家，包括伽利略、荷兰显微镜先驱安东尼·范·列文虎克（Antonie van Leeuwenhoek，1632—1723）以及荷兰物理学家兼天文学家克里斯蒂安·惠更斯（Christiaan Huygens，1629—1695），都制作过自己的透镜。

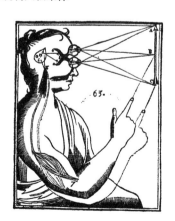

笛卡尔的视觉模型揭示了光线如何进入眼睛而信息又如何传入松果体

以太中的压迫

勒内·笛卡尔的光学研究描述了眼睛的工作机制，启发了对望远镜的改进。他用机

> ［笛卡尔］洞明世事，有碍婚娶。但他也有一个男人的欲望和嗜好。因此，他和一个自己所爱的美丽女人维持着亲密关系，这个女人为他生了几个小孩（我想有两三个）。遗憾的是，拥有如此头脑的一位父亲，却没有给予孩子们应得的良好培养。他的学问精深，以致从学者云集，他们中的许多人渴望笛卡尔给他们展示自己收储的作图工具（当时，数学的学问主要是有关作图工具的知识，用亨利·萨维尔［Henry Savile］爵士的话说，是对作图技巧的运用）。他会从桌子下拉出一个小抽屉，给他们展示一个断了条腿的圆规，然后再把一张纸折叠两次作直尺。
>
> ——约翰·奥布里《名人小传》

械论的类比在数学上导出了光的许多特性，包括反射定律和折射定律。不过，另一方面，他因拒绝接受虚空的存在而束手束脚。伽桑狄这样的理论家设想出原子运动于虚空（见第23页），对他们来说，光可以被解释为一连串快速流动的粒子在空间中横冲直撞。没了虚空，笛卡尔需要一种不同的机制。他相信某种稀疏的"填隙流体"（interstitial fluid）——另一版本的以太——充斥一切间隙，正是通过这种流体施压产生了视觉。所以，若太阳推挤填隙流体，压迫会即刻传送到眼睛，后者从而感知到太阳。这一理论几无根据，尤其当我们考虑到太阳距地球1.5亿千米，但它确实为一项重要得多的工作奠定了基础，该工作来自克里斯蒂安·惠更斯，其父是勒内·笛卡尔的一位密友，笛氏之理论还激励牛顿在这一课题上另辟蹊径，追求他自己的观念。

光透过天才手中的棱镜。伊萨克·牛顿在引力和光学领域的工作彻底变革了自然哲学

光明之主：伊萨克·牛顿

牛顿或许是有史以来最伟大的科学家。他终成一位巨人，后人在他的肩膀上站立了三百多年。他对力和引力的研究可能比他在光学领域的工作更有名，但后者在重要性上并不逊于前者。

自然和自然律藏身于暗夜；

上帝说，让牛顿去吧！

万物都有了光亮。

——亚历山大·蒲柏（Alexander Pope），1727

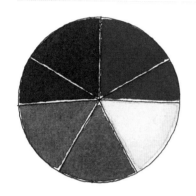

当牛顿的彩轮高速旋转时，各种色彩不可分辨，彩轮呈现白色

牛顿光学论著的扉页，出版于1704年

OPTICKS:

OR, A

TREATISE

OF THE

Reflections, Refractions,

Inflections and Colours

OF

LIGHT.

The FOURTH EDITION, corrected.

By Sir ISAAC NEWTON, Knt.

LONDON:

Printed for WILLIAM INNYS at the West-End of St. Paul's. MDCCXXX.

牛顿成功地将白光分解为光谱的成分，然后再将各色光线重新组合成白光，由此令人信服地推断出白光是各色光的混合。这种可能性很早就被注意到了。亚里士多德断言，彩虹的成因是阳光受到云层的透镜作用，这个解释也被海什木所接受。古罗马哲学家卢修斯·安涅乌斯·塞内卡（Lucius Annaeus Seneca, 约前55—约40）在《自然问题》（*Naturales quaestiones*）中指出，阳光透过玻璃棱镜可以产生类似彩虹的色带。然而，在牛顿的时代，大多数人相信彩色光是阴影的一种形式，它是由白光同黑暗混合而成的。笛卡尔认为色彩的成因是构成光的粒子做自转运动。牛顿在学术上的劲敌罗伯特·胡克则认为色彩是光的印迹，如同光透过彩色玻璃窗。他试图用一块棱镜来分解光，但只产生了带彩边的白光。牛顿在胡克折戟之处取得了成功，因为他用了更高明的设备。他在一扇黑窗屏上开了个小孔让一条细光束射进自己在剑桥大学三一学院的房间，再用一块精心磨制的玻璃棱镜分解光束，将图像投射在几英尺远的另一块屏上。彩色光束有了足够的空间充分展开，他得到了一幅清晰的光谱。

牛顿对实验光学的献身精神完全逾越了理智的界限。在一段有关以身犯险的著名记述中，他用一个锥子（又粗

> 我用一个锥子戳进我的眼睛，尽可能靠近我眼睛的后部：用锥子的末端压迫我的眼睛（以使我的眼睛发生不同程度的扭曲），就显现出几个黑、白到彩色的环r、s、t和c。当我用锥尖持续摩擦我的眼睛时，那些环是最清晰的，但若我保持眼睛和锥子不动，即便我持续用锥子压我的眼睛，那些环就会逐渐模糊，常常直到我移开眼睛或锥子，便消失了。
>
> 如果在一个明亮的房间里做该实验，以至于我即便闭上眼睛一些光也可以透过遮盖，就会在最外层显现出一个宽大扩张的暗环（如ts），而暗环里面另一亮斑srs的色彩非常像眼睛其余部位的色彩，如在k处所见。尤其当我用一个又细又尖的锥子猛力压迫我的眼睛时，该亮斑里面还会显现出另一扩张的斑r。而在最外层vt处则显现出一个明亮的边缘。
>
> ——牛顿的笔记（CUL MS Add. 3995）

又钝的针）戳进自己的眼窝，在不刺破眼球自身的前提下尽可能将之向后压，力图扭曲眼球的形状，看看这么做如何影响自己对色彩的感知。牛顿意识到彩色物体之所以显现出色彩是因为它们反射了光。例如，一件红斗篷呈现红色是因为它反射了红光，反之一件白衬衫则反射了所有光。他还把不同的色彩和不同的折射角度联系起来。

尽管具有这种令人钦佩的科学献身精神，牛顿仍是一个刻薄、傲慢且好辩的人。他执着于对胡克的敌意，但这不足为奇，另外几个人也曾激起他的憎恶和刻薄。若非不幸先亡于牛顿，胡克的名声会更大，牛顿侵夺了胡克的发现之一，即见于水面薄油膜上的所谓牛顿色环（Newton's rings of colour）。实际上，牛顿故意将自己在光和色彩领域的著作《光学》（*Opticks*）的出版推迟了30年，只在胡克死后才发行，这就无法质疑作者身份了。

牛顿《光学》中的插图，描绘的是他以锥子戳进自己眼睛做实验

> 如果说我看得更远，那是因为我站在巨人的肩膀上。
>
> ——伊萨克·牛顿致罗伯特·胡克的一封公开信，
> 写于王家学会极力调停或掩盖两人不和之时

胡克的《显微图谱》

胡克最著名的作品是出版于1665年的《显微图谱》（*Micrographia*）。这是一个绝好的例证，可以说明光学的进展如何迅速推动其他领域的发展，主要是生物学和天文学。虽然胡克不是第一位显微术士，但正是他将显微术引入主流科学并改进了显微镜和望远镜的设计。《显微图谱》的特色是汇集了胡克借助显微镜绘制的实物、有机材料和微生物。详细的插图——其中一些是由建筑师克里斯托弗·雷恩（见第7页）绘制的——颇具开创性，这使得《显微图谱》成为有史以来最重要的科学著作之一。王

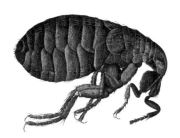

胡克《显微图谱》中描绘的放大后的跳蚤

[胡克]中等身材，一张略歪而苍白的小脸，但头很大。他的眼睛一只大而外鼓，无甚神采，另一只是灰色的。他有一头纤弱的棕发，潮润而卷曲。他素来非常温和，日常饮食之类颇有节制。

他有极富创意的头脑，亦有优异的道德品行。我现在说他的创造才能多么了不起，你无法想象他的记忆力何等惊人，因为此二者有如一条绳上的两个桶，一个提上来，另一个就降下去。他无疑是当今世界上最伟大的力学专家。他的头脑更多是几何化而非算术化的。他是个单身汉，而我相信他永远不会结婚。他的哥哥留下了一位美丽的女儿，作他的继承人。总而言之，（不管怎么说）他是一个极其温和且善良的人。

是罗伯特·胡克先生发明了摆钟，这比其他钟表有用得多。

他发明了一个机器，可以快速做除法之类的运算，或者说快速而直接地找出除数。

——约翰·奥布里《名人小传》

罗伯特·胡克（Robert Hooke，1635—1703）

胡克生于怀特岛，他父亲在那儿是弗雷士沃特诸圣堂（All Saints' Church, Freshwater）的副牧师。胡克13岁时，父亲去世，他进入伦敦的威斯特敏斯特学校（Westminster School），后来又入牛津大学基督堂学院（Christ Church College, Oxford）的唱诗班。如果健康状况更好，胡克注定要入教会供职，但他最终还是转去献身科学，在牛津作了化学家罗伯特·玻义耳的助手。胡克于1660年搬回伦敦，又在1662年成为了王家学会的发起人之一。作为学会的第一任实验主管，胡克受命每周演示"三四个大型实验"。他用自己的显微镜做了广泛的研究，在《显微图谱》（1665）中发表了自己所见之物的绘图，还为活体组织的成分创造了术语"细胞"（cell，之所以这样命名是因为他在软木切片中看见的"细孔"让他想起修道士住的房间或"修行室"）。伦敦城毁于1666年的大火（Great Fire of 1666）后，胡克是伦敦聘请的两位勘测员之一，这个职位使他富了起来。他还营建了伯利恒王家医院（Bethlehem Royal Hospital）——今天尤以Bedlam之恶名为人所知的精神病院。

他是一位颇具匠心的思想家、实验科学家兼机械技师，琢磨出了多种既有设备的创新和改进之法，包括空气泵、显微镜、望远镜和气压计，他还是以弹簧驱动时钟的先驱。他的主意大多由别人进一步发展，胡克提供了必要的跳板，却少有功劳。他有关于燃烧和引力的理论，甚至在1679年提出了关乎引力的反比平方律，这正是牛顿在这方面工作的基石。牛顿从不承认胡克的优先权或才华，而牛顿的敌意潜移默化地影响了胡克应得的历史地位。没有已知的胡克肖像存世。

毁于1666年大火的部分伦敦景观

家学会院士萨缪尔·佩皮斯（Samuel Pepys，1633—1703）在他的日记中写道，他挑灯夜读直到凌晨两点，这是"我一生读过最妙的书"。

是波动还是粒子？

承认白光是各色光的混合是一回事，但另一回事是它随后便引出了各色光又是什么的疑问。光是粒子构成的还是某种类型的波，不同的主张见于印度的早期科学文献。在欧洲，恩培多克勒提的是射线，而卢克莱修说的是粒子，争论持续了数个世纪（见第36页）；胡克追随笛卡尔，主张光是波的一种形式。这又是他和牛顿相争不下的另一点，后者写的是"微粒"（corpuscle，即粒子），这一观念最早是伽桑狄提出的（见第23页），而牛顿在17世纪60年代获知。牛顿的影响力之大，以至于长期以来波动说（wave theory）在英国不怎么得势。然而，在欧洲其他地方，如果有东西妨碍了对微粒模型的支持的话，或许是牛顿的傲慢和好辩使其不得人心。牛顿拒绝波动说，因为他相信纵波（沿传播方向振动的波）无法解释偏振。没人考虑过横波（在垂直传播方向上振动的波）的可能性。牛顿接受了"传光以太"（luminiferous aether，承受光的以太）的观念，这是一种光经行的介质，虽然这对他的微粒说而言并非绝对必要，因为粒子同样可以顺利地经过虚空。他还相信光微粒在叫作"易于反射"（easy reflection）和"易于传播"（easy transmission）的两相之间切换。周期性是波动说的一个基本特征，他由此预见到了量子力学。尽管牛顿的名号与微粒说密切相关，但他自己的著作包含了两种观念的方方面面。例如，他在解释衍射时提出了光微粒在以太中产生了局域波。有趣的是，这使他更接近现代视野下的"光的二象性"（duality of light）——光既有波动性又有粒子性。

波前和量子

在欧洲，克里斯蒂安·惠更斯发展出了波前说（wave-front theory）。他的光理论完成于1678年，但直到1690年才发表，该理论基于他自己的实验发现。惠更斯少时，笛卡尔是家里的常客，像笛卡尔一样，惠更斯将光视作通过以太传播的一种波。他预言光在光密介质中的运动比在光疏介质中更慢。意味深长之处在于，与笛卡尔不同，这是在说光速是有限的。

惠更斯的波前说解释了波在遇到障碍时会如何演变和表现——反射、折射和衍射。他提出，一束波上的各个位置会成为朝各个方向传播的子波（wavelet）中心。以光为例，他视之为一种脉冲现象，重复生成的波以光速向外发射和传播。光波是以球面波的形式在三维空间中传播。

克里斯蒂安·惠更斯

在光线到达区域的边缘，子波彼此干涉，可能相互抵消。如果它们碰上一个不透明的物体，子波会部分截断而部分存留，在阴影和图像边缘产生复杂的线条状精细结构，形成衍射花样。惠更斯是借由神来之笔发现了这个原理，还是仅凭好运气从错误的原因得出正确的答案，这在科学上是见仁见智的。

在19世纪的欧洲，几位工作于不同国家的科学家建立了光的横波理论（在垂直传播和运动方向上振动的波，就像在地面斗折前行的蛇）。1817年，法国物理学家奥古斯丁-让·菲涅尔（Augustin-Jean Fresnel, 1788—1827）向巴黎的科学院呈交了自己的光波理论，又在1821年揭示，仅当光由不具纵向振动的横波组成，偏振才可以得到解释。这就答复了牛顿在原理上反对将光当作一种波。菲涅尔尤以菲涅尔透镜的发明者而出名，这种透镜最初是被设计用来增强灯塔射出的光束。

惠更斯无筒望远镜（aerial telescope）实现长焦距靠的是分离物镜和目镜，然后再用一条绳子将二者连成一线

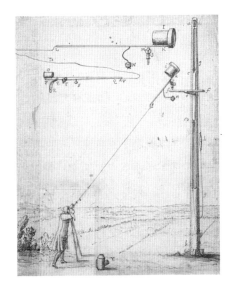

托马斯·杨

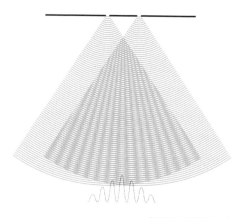

光经过双缝照出来
产生的干涉花样支
持光的波动说

托马斯·杨的双缝实验

1801年，托马斯·杨实施了一个实验，似乎一劳永逸地证实了光是一种波。他让光经自己做的双缝照出来。与预期不同，所见并非单缝实验结果之和，他注意到一种复杂的衍射花样，源于来自双缝的光之间的干涉。他增加的缝越多，干涉花样就变得越复杂。这证实了光的确是一种波，波谷和波峰要么相互抵消要么相互增强，由此形成干涉花样。托马斯·杨还提出，光的不同色彩是不同波长的结果，这一小步将迈向19世纪后期的认识——我们所见之光不过是整个电磁辐射（electromagnetic radiation, EMR）谱的一部分，我们今天知道电磁波谱包含伽马射线、X射线、紫外光、可见光、红外光、微波、无线电波和长波。

新的黎明——电磁辐射

正是詹姆斯·克拉克·麦克斯韦（James Clerk Maxwell, 1831—1879）第一个揭示了组成电磁辐射的是以光速传递能量的横波。不同类型的电磁

> ［以太］是我们在动力学上唯一确信的材质。有一件事是我们所确信的，那就是传光以太的实在性和实体性。
>
> ——开尔文勋爵威廉·汤姆逊（William Thomson, Lord Kelvin），1884

辐射——包括光和无线电波——取决于不同的波长。事实上，英格兰物理学家迈克尔·法拉第（Michael Faraday, 1791—1867）已然在1845年证实了电磁现象与光的关联，彼时他揭示了一束光的偏振面可被磁场旋转。

麦克斯韦仍然假定存在一种传光以太，所有形式的电磁辐射必须穿过它运动。这种以太不同于其他任何东西，它是一种真正的连续体——无限可分，不像常态物质那样由离散粒子构成。不仅这种以太是无限可分的，穿过它的能量波也是如此。麦克斯韦理论存在的问题只有等马克斯·普朗克（Max Planck, 1858—1947）来解决，后者揭示了能量必须以微小但有限的量值发射出去（见第100页），这种微小却有限的量值今天称作"量子"（quanta）。（另外，出于复杂的原因，宇宙中的一切能量皆会转化为高频波。）

詹姆斯·克拉克·麦克斯韦

1905年，阿尔伯特·爱因斯坦在他有关光电效应的工作中论证了光本身的行为好似构成它的是量子或微小的能量包，这种能量包现在叫作"光子"（photon）。他用我们今天所谓的普朗克常量（Planck's constant）把一个光子的能量和它的频率联系起来。

有史以来第一张彩色照片是詹姆斯·克拉克·麦克斯韦在1861年拍摄的，拍的是一件花格缎带

今天，光被认为具有"波粒二象性"（wave-particle duality）：有时它表现得像一束波，有时又表现得像一个粒子。找到某种方法来预测光何时像波或粒子是有益的，而量子力学正好能够胜任。

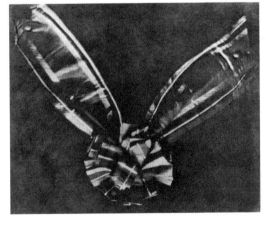

光电效应

阿尔伯特·爱因斯坦于1921年获诺贝尔物理学奖，获奖原因不是他最著名的观念——相对论——而是他在光电效应上的工作。他揭示了一个光子（尽管当时并不这样称呼它）何以有时可将一个电子从它在原子中的轨道上打出来，从而生成微弱的能量爆发。光电太阳能电池板用阳光发电的原理是内光电效应中的光伏效应。[①] 阳光从硅之类的半导体材料中打出的电子能被驱动沿导线流动，然后被抽调来做有用功或存储待用。光伏效应最早是由法国物理学家亚历山大·贝克勒尔（Alexandre Becquerel, 1820—1891）[②] 在1839年发现的。1886年到1887年，德国物理学家海因里希·赫兹观察到紫外光导致的外光电效应，但他不明白其中的原理。马克斯·普朗克的量子概念最初是应用于黑体辐射，爱因斯坦借用这个概念来

电视发展进程中产生的一种早期光电管

描述小的光能包——光子。一个光子所代表的能量值取决于光的波长。若蓝光光子具有的能量足以将一个电子从其轨道上打出来由此使之获得自由，在此过程中生成电流，而红光光子不行。那么，由于单个红光光子就不堪其任，增加红光的光强也无济于事[③]。

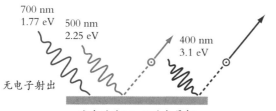

700 nm
1.77 eV

500 nm
2.25 eV

400 nm
3.1 eV

无电子射出

逸出功为2.0 eV的金属钾

仅当落到表面的光子具有足够的能量，才打出一个电子。红光不会产生电流，但蓝光或绿光可以

① 爱因斯坦解释的是向外发射光电子的外光电效应，而太阳能电池板的原理是内部产生光电压的内光电效应（光伏效应），此外还有内部产生光电导的内光电效应（光敏效应）。
② 亚历山大·贝克勒尔的儿子昂利·贝克勒尔因发现天然放射性与老居里夫妇分享1903年度诺贝尔物理学奖。
③ 其实这只限于光强（或振幅）较低的通常情境（即单个光子外光电效应）。当光的强度足够大时（比如在强激光照射下），一个电子吸收多个光子，相应低频电磁波也能引发光电效应。一个极端的情况是频率为0的静电场，只要电场强度足够大，就能从材料中拉出电子。

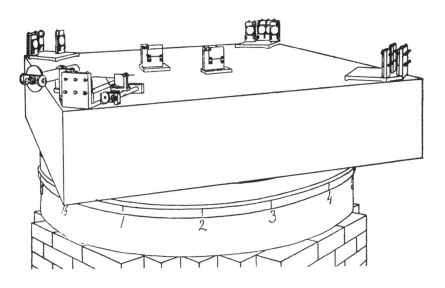

以太的终结：迈克尔逊–莫雷实验

按我们常规的理解，波必须穿过诸如空气或水之类的某种介质。同理，我们假定光波必须以类似的方式经过传光以太。

1887年，阿尔伯特·迈克尔逊（Albert Michelson, 1852—1931）和爱德华·莫雷（Edward Morley, 1838—1923）两位美国物理学家实施了一项实验，最终导致以太的终结。如果以太存在，科学家假定，它必定充塞空间，因为是它将光从日月星辰带到地球。1845年，英国物理学家乔治·伽百列·斯托克斯（George Gabriel Stokes, 1819—1903）已提出，由于地球以很高的速度在空间中运动，当我们的地球穿行以太时，应该会有一个拖拽以太的效应。在地球表面的任一点，"以太风"（aether wind）的速度和方向会随地球自转和公转变化，所以应该有可能通过观察不同时刻和不同方向的光速来探测地球相对以太的运动。

迈克尔逊和莫雷制造了测量光

迈克尔逊和莫雷用来测量光速的设备，其设计意图是证实以太的存在

地球是悬于真空还是穿行以太，早期的科学家们无法达成共识

迈克尔逊干涉仪能被用于产生白光干涉
导致的彩色花样

迈克尔逊干涉仪的原理是将光束
一分为二，然后经反射再重组

速的精密设备，如果以太存在，它就会探测到以太的效应。这台仪器把一
束光分成相互垂直的两束，两束光分别朝向两面镜子。光束进入目镜重组
之前来回反射的行程为11米。如果地球正穿行以太，平行于以太流动的一
束光比垂直于以太流动的那一束要花更长的时间返回探测器。如果一束光
比另一束运动得更慢，这应该会在光束重组产生的干涉条纹中显现出来。
整台仪器的基座是一块漂浮于一盆水银中的大理石，这台仪器放置在一栋
建筑的地下室，以尽可能消除任何可能干扰结果的振动。如果地球真的受
到以太风，该设备的灵敏度会高于足以探测到预期效应的水准。但它未
能显示出统计意义上确切的阳性结果，迈克尔逊和莫雷不得不宣告实验失
败。另一些人继续改进这种仪器，但仍然找不到以太存在的迹象。当然，
迈克尔逊和莫雷的实验并没有失败。它表明了没有传光以太。遗憾的是，
迈克尔逊的结论不是没有以太，而是支持奥古斯丁–让·菲涅尔（见第51
页）提出的模型，即一种静止以太对光施以拖拽（以太拖拽假说）。

光速

早在公元前429年左右，恩培多克勒（见第36页）就相信光以有限速度
传播，尽管光看起来像是瞬间抵达的。不过，他在古代思想家中是一个明
显的例外，大多数还是认同亚里士多德的光速无限之说。伊斯兰科学家阿

光速 c

光速用字母 c 表示（比如在 $E=mc^2$ 中），它是拉丁文 celeritas 的首字母缩写，意为迅速。

$$E = mc^2$$

维森纳和海什木赞同恩培多克勒，罗吉尔·培根和弗朗西斯·培根亦然。但是，即使到了 17 世纪，在欧洲盛行的观点仍是笛卡尔所持的光速无限。

挑战这一假设并测量光速的首次尝试是伽利略在 1667 年实现的，他运用了一种非常原始的方法。伽利略和一位助手相隔 1.6 千米而立，交替遮盖和揭盖提灯，计量他们注意到灯光所需的时间。这可能是测量他们反应速度的最好办法。伽利略推断，如果光速不是无限的，那它无疑就是极大的——或许至少十倍于声速，后者是法国哲学家兼数学家马林·梅森（Marin Mersenne, 1588—1648）于 1636 年率先测得的。

惠更斯确信光以有限速度传播，其依据是与意大利裔天文学家乔凡尼·卡西尼（Giovanni Cassini, 1625—1712）在巴黎合作的丹麦科学家奥勒·罗默（Ole Rømer, 1644—1710）对木卫交食的观测。卡西尼和罗默注意到，虽然交食应该定期发生，但并非总是准时的——而其中的变化取决于地球相对于木星的位置。他们推断，地球离木星越远，我们看到交食越晚，因为光抵达地球要花更长时间。卡西尼在 1676 年宣称，若光以有限速度传播，就可以解释这些交食发生时刻的明显差异。他进而算出光从太阳到地球大约要花 10～11 分钟。

木星及其卫星伊娥（Io）。木星与其卫星的交食使惠更斯确信光以有限速度传播

然而，他没有进一步深究这个问题，光速的精确计算还要留待罗默。1679年，罗默正确预测了一次伊娥交食的准确时间，指出它会比众人预期晚10分钟。根据地球轨道直径的最佳估计值，他算出光速为20万千米每秒。将现在的地球轨道数据代入罗默的公式，可得光速为298 000千米每秒，非常接近现代值299 792.458千米每秒。（这个光速值不会因未来的研究而改变，因为1米的长度被设定为光在1/299 792 458秒内传播的距离①。）

1678年，惠更斯用罗默的方法揭示光从月亮到地球不过几秒钟时间。牛顿在《原理》（*Principia*）中宣称光从太阳到地球要花7～8分钟，相当接近实际的平均值8分20秒。

牛顿等人假设光速的变化取决于它通过的介质。如果光是粒子，这是合理的。如果光是波，则未必。并非每个人都信服惠更斯的计算，而关于光是否以有限速度传播，仍然存在观点分歧，直到英格兰天文学家詹姆斯·布莱德利（James Bradley，1693—1762）在1729年一劳永逸地解决了这个问题。他发现了光行差（也叫恒星光行差）。这是一个有关恒星的现象，恒星看起来在其真位置周围画出一个小圈，这是因为地球相对该恒星有速度（速率和方向）。他用了18年以上的时间才完成这一研究。

后来，两位法国实验家重现了伽利略同助手做的提灯实验，但他们的方法要更精妙一些。1849年，物理学家伊波吕特·菲佐（Hippolyte Fizeau，1819—1896）用两个提灯和一个快速旋转的齿轮交替遮光和露光，还有一面镜子将光反射回来。仅当光返回得够快，它才能穿过同一个轮齿间隙照射回来，故而光的速度可以根据齿轮旋转的速度算出来。以每秒几百次的转速转动一个带100个齿的齿轮，他能够将光速的测量误差控制在1600千米每秒以内。因傅科摆（见第9页）而出名的莱昂·傅科（Léon Foucault，1819—1868）用了类似的原理。他将一束光照在一面旋转的倾斜镜子上，然后使之从35千米外的第二面镜子处反射回来。改变旋转镜子的倾角，他能够算出返回的光被再次反射所需角度，从而确定镜子移动了多远以及经过多少时间。1864年，菲佐提出"光波的长度可用作长度标准"，用光速重新定义米实际上已经实现了。

爱因斯坦的相对论基于这样一种洞察：宇宙处处，光速不变。

---

① 这是真空光速在国际单位制下的定义值，而非测量值。

直与曲

公元前5世纪，阿那克萨哥拉已然确定光只沿直线传播[①]，这一信念持续到20世纪，直至爱因斯坦说光的路径可以被引力拉成曲线（见第199页）。即便是古人也清楚光能被迫改变方向——例如，光从一种介质运动

阿基米德的热射线

据传说，叙拉古之围期间（Siege of Syracuse, 约前214—约前212），古希腊科学家、数学家兼工程师阿基米德（Archimedes, 约前287—前212）在海滨架设了一组抛物线形镜面阵列，利用阳光点燃敌方舰船。1973年，在雅典附近的一个海军基地进行了一项实验，用70面1.5米×1米的镀铜镜子将阳光汇聚到距离约50米的一艘涂覆了柏油的胶合板制罗马战舰模型。几秒钟之内，这艘船便熊熊燃烧起来。2005年，来自麻省理工学院（Massachusetts Institute of Technology, MIT）的一群学生做了一个类似的实验，在完美的天气条件下，他们也点燃了一艘模型船。

阿基米德用镜子点燃敌舰。事实上，用了不止一面镜子！

虽然这种技术，就像用凸透镜生火，明显用的是光，但点燃舰船或火种的必然不是可见的白光，而是随阳光而来的不可见的红外辐射（热）。

[①] 在真空或同种均匀介质中。

隐形斗篷

20世纪90年代，科学家开发出了具有负折射率的超材料（meta-material）。材料的折射率决定了有多少入射光会被折射。真空的折射率为1，光密材料具有更高的折射率。2006年，超材料首次被用于隐形装置，实现物体在微波波段的隐形。超材料的颗粒必须小于光的波长，以至于光会绕过这些颗粒流走，就像溪水绕过一块岩石流走。截至目前，工作在可见光波段且尺寸超过几微米的隐形装置尚未实现。

隐形

萨赫解释折射定律的原始手稿，约984

到另一种介质时会发生反射或折射。托勒密给出了折射的近似解释（见第37页），波斯物理学家萨赫（Ibn Sahl，约940—1000）在公元984年亦对它做了描述。

可以解释并预测折射角的数学规律被称作斯涅尔定律（Snell's Law），得名于荷兰天文学家威勒布洛德·斯涅利乌斯（Willebrord Snellius, 1580—1626）。虽然斯涅利乌斯在1621年就重新发现了这个规律，但他没有发表。笛卡尔于1637年发表了该定律的一个证明。斯涅尔定律的原理，如法国数学家皮埃尔·德·费马（Pierre de Fermat, 1601—1635）所示，光穿过任何材质都取最快路径。

20世纪初，作为爱因斯坦论证相对论的一部分，光沿曲线路径第一次得到确证。

1919年，天文学家亚瑟·爱丁顿（Arthur Eddington）带领一支英国科考队前往非洲海岸附近的普林西比岛，在那儿观测了一次日全食。科考队拍摄了太阳视位置附近本来会被太阳光遮蔽的恒星。一颗恒星实际上位于太阳背后，故本应是看不见的，却在爱丁顿拍的一张照片上清晰可见。这证实了恒星的光会被太阳的引力场弯曲，这就改变了恒星的视位置，使其可见了。

艺术家戴维·霍克尼（David Hockney）创作了一系列表现泳池的画作，他在画中玩转了光在空气和水之间的折射和反射

光在EMR谱上的位置

光在物理学的故事里占据了一个特殊的位置，因为光之可见为人类呈现了缤纷世界。但如麦克斯韦的研究所示，可见光只是电磁辐射的一种形式。所有形式的电磁波都以光速运动，所有形式的电磁波都是能量的量子化形式（即是说，它们以粒子或波的形式存在），但可见光是我们唯一能看见的电磁波。来自太阳的热（太阳的红外辐射）和太阳发出的可见光起初是不加区分的。其他形式的电磁辐射，诸如X射线、无线电波和微波，直到19世纪末才被发现。

第3章
运动的质与量

　　力学（mechanics[①]）这个术语是用来形容受力物体的行为方式。经典力学（classical mechanics）的正式开端是牛顿对运动三定律的表述。它处理的是原子尺度以上万事万物的相互作用，下至轴承滚珠，上到星系银河，包括液态、气态和固态的无生命之物及部分活的有机体。人们在实践中运用自然力远早于他们对这些力有所认识，甚至早于开始想弄明白支配这些力的规律。最早的建筑工匠用杠杆和滑轮来搬运大石块，他们利用重力下降物体，又借铅垂线检查是否竖直。

----

① 这个英文单词也可以指谓机械学。

对机械能的驾驭推动了现代世界的发展

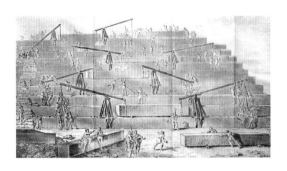

古埃及人可能使用杠杆
和滑轮之类的机械装置
来帮助搬运建造金字塔
所需的石块

力学何为

　　每当我们利用施于物质之力时，我们就是在让力学规律为我们效劳。埃及金字塔的建造者（据我们所知）对参与搬运石块的那些力一无所知，而在斯里兰卡，那些复杂灌溉系统的设计者也不具备流体力学的理论知识。然而，这两个文明都能通过实验试错从物理规律中获益。

　　新月沃地从地中海沿岸延伸到波斯湾。它包括了底格里斯河与幼发拉底河之间的全部土地——古希腊人所谓的美索不达米亚（Mesopotamia，意为"两河之间"），包括今天的叙利亚和伊拉克地区。大约1万年前，农耕在这一地区发展起来，到公元前5000年，苏美尔人用切割、搬运和垛积硕大石块的办法营建起第一批城邦。苏美尔人还发明了轮子，得以用新的方式驾驭自然力。随着人口增长，美索不达米亚的人民率先在实践中运用流体力学，他们在公元前6千纪[1]开发出了农田灌溉系统。

早期水利工程的运作

　　公元前3世纪，斯里兰卡的水利工程师建造了复杂的灌溉系统。该系统的建立基于biso-kotuwa的发明，类似调控水外流的现代阀井。蓄积雨水的大坝、沟渠和水闸提供了足够的水源来维持斯里兰卡的僧伽罗人以稻米为基础的日常饮食。最早的雨水蓄池建于无畏王（King Abhaya）统治时期（前474—前453）。更精妙且灌溉范围更广的系统建于几个世纪之后，始于瓦萨巴王（King Vasaba）统治时期（65—108）。他的工程师建造了12条灌渠和11个蓄水池，最大的有3000米宽。他们最伟大的成就就是在帕拉克拉姆巴胡大王（King Parakrambahu the Great）治下（1164—1196）取得的，当时的僧伽罗工程师在延伸8万米左右的灌渠上实现了20厘米每千米的稳定梯度。

---

[1] 公元前6千纪（the 6th millennium BC）即公元前6000年到公元前5001年这一千年。

活水的作用不仅在于滋养农作物。它自有力量，它所施加的水压可以用来做有用功。已知第一次用水提供动力是在古代的中国，彼时张衡（78—139）以水力驱动一个浑象（一个用来查找恒星位置的天球仪）。公元31年，杜诗用水车给生产铸铁的炼炉鼓风[1]。

古希腊的力学

虽然早期的文明已在实践中运用了力学，但对力的系统思考或分析尚未见记录。对力如何且为何作用于物体，相关抽象思考的最早证据来自古希腊。在《机械》（*Mechanica*）中，亚里士多德探究了杠杆如何可能以小的力量搬动大的重量。他的答案是："在同样的力驱动下，离圆心最远的径长处比靠近圆心的更短径长处运动得更快。"

在一种不等臂天平发明后不久，亚里士多德便认识到这一点。在等臂天平中，一侧的重量必须以另一侧的相等重量来平衡。但在不等臂天平中，重量还可通过移动支点（横杆转轴所在点）和沿臂移动重量来平衡。那时候，有关机械力的理论只有在运用这些力的实用装置被设计出来后才出现。不等臂天平的存在给予亚里士多德观察和探究的机缘。

亚里士多德的发现是杠杆定律（law ot the lever）的先导，阿基米德（Archimedes, 约前287—前212）大约在一个世纪后

乌尔大庙塔（The Great Ziggurat of Ur，今属伊拉克）大约建于四千年前，是一项了不起的工程壮举

---

[1] 即水排。

阿基米德的发明

相传，阿基米德曾放言，如果他有一根足够好的杠杆和一块立足之地，他就可以撬动地球。这在原理上是可行的

阿基米德将他的力学知识付诸实践。叙拉古王赫农二世（Hieron Ⅱ）委任他设计一艘大船，这是史上第一艘豪华客轮，能够运载600人，还配备有园艺装饰、一座竞技场和一座专祀阿芙若狄特的神庙。据说，为了抽走漏进船体的水，他开发出了阿基米德螺旋泵（Archimedes screw），可用手驱动其螺旋桨片紧贴圆筒内壁旋转。同样的设计适用于从低洼水源向灌渠引水，至今仍在使用。归于阿基米德名下的其他发明包括聚焦阳光点燃敌舰的一组抛物线形镜面阵列以及将敌舰提出水的巨爪。战争似乎常常为科学的发展提供动力。

给我一块立足之地，我就会撬动地球。

——阿基米德

甚至在今天的一些灌溉系统中还是用阿基米德螺旋泵来引水[2]

为它提供了一个证明（尽管在阿基米德确证之前，该定律可能已广为人知）。

按现代形式，阿基米德的证明陈述了支点一侧的重量乘以其到支点的距离[1]等于另一侧的重量乘以其到支点的距离：

$$WD = wd$$

① 某一重量（重力）或其他形式的力到杠杆支点的距离叫力臂。
② 此处图示为管道式螺旋泵，而上文所述为内置桨片式螺旋泵。

阿基米德用比来表达这个关系，因为他不会接受不同度量（重量和距离）间的乘法运算[1]。按比的形式，杠杆定律形如：

$$\frac{W}{d} = \frac{w}{D}$$

动力学上的难题

某物会移动是因为有力施于其上，只要力持续，它就一直运动，亚里士多德就是从这个命题出发的。运动物体保持前进的趋势今天叫作"动量"（momentum）。亚里士多德的这一命题解释了我们在推拉某物时会发生什么，

向上射出的箭矢遵循一条可预测的抛物线路径

但显然不适用于抛射体。如果我们抛射某物，引弓射出箭矢或开枪射出弹丸，物或人施以"推动"后不再接触抛射体，该物体会持续运动。亚里士多德解决这个难题的思路是，"推动者"（mover）的状态传递到了抛射体行经的介质，故而空气持续对箭矢施力，推动它朝目标前进。自箭矢刚被释放出去，这个力就被传递给了空气。

古希腊数学家喜帕恰斯（Hipparchus, 约前190—约前120）反对这种说法，他坚持力被传递给抛射体本身。所以，竖直向上射出的箭矢具有比将之拉回地球的重力更大的动力或"动势"（impetus），带它远离地球。但是，这种动力显然会随时间衰减。它是自行衰减，而不是由于空气阻力、重力或者其他任何因素的影响。在动势等于重力牵拉的位置，箭矢会瞬时静止。随后它开始下落，其下落速度随初始动势衰减到零而增加。随动势衰减，它能减少对重力牵拉物体的抵抗。当残余动势耗尽，箭矢下落的速度与坠落而非被抛射的物体速度相同。喜帕恰斯的模型还解释了坠落物体的行为。该物体始于重力向下拉和手向上推的平衡状态。上推在物体被释

---

[1]　即不同量纲的物理量间的乘法运算。

静力学

古希腊人关心动力学（dynamics，有关运动的力学），而古罗马人精通静力学（static mechanics）。静力学解释了平衡力如何维持一个质量的静止。这是建筑学中的一个基本原理，不平衡的力会导致房屋或桥梁坍塌。例如，一座拱桥之所以立得起来只是因为构成桥拱的石材所施加的压力完全均衡。中世纪和文艺复兴时期，建筑学面临的挑战是营建巨大的拱顶、门拱和穹顶，这些静力学上的难题催生了漂亮的解决办法。

佛罗伦萨大教堂的穹顶由菲利波·布鲁内莱斯基（Filippo Brunelleschi）营建，是工程学的一大胜利——它仅靠自身石材的重量支撑起来

放的那一刻刷新，但随后稳步衰减，所以该物体加速落向地面。这个模型还说明了沉降末速（terminal velocity），一旦物体的全部动势都衰减掉，下落速率就会变得稳定。

哲学家约翰·菲洛珀乌斯（John Philoponus, 490—570），有时被称作文法学家约翰（John the Grammarian）或亚历山大港的约翰（John of Alexandria），有类似的动势理论。他提出，抛射体具有"推动者"赋予的力，但这是自限性的，而当它耗尽后，抛射体回到正常运动模式。到11世纪，阿维森纳（见第4页）发现了菲洛珀乌斯模型的缺陷，转而提出抛射体被赋予的是倾向而非力，而这不会自发衰减。例如，在真空中，抛射体会遵循被赋予的倾向永远运动下去。在空气中，空气阻力最终会战胜这种倾向。他还相信推动抛射体前进的是它排开空气的运动。

西班牙的阿拉伯哲学家阿维洛伊（见第21页）率先将力定义为"改变质体运动状态的速率"，主张"力的效果和度量是改变对外物作用有抗性的质量的运动状态"。他引入了一个观念，即不动的物体对开始运动有抵抗——今天所谓的"惯性"（inertia）——但他只是将之应用于天体。是托马斯·阿奎那（Thomas Aquinas）把这个概念推广到尘世万物。开普勒追随阿维洛伊和阿奎那的思路，引入了术语"惯性"。这个术语最终成为牛顿动力学的核心概念。这意味着从亚里士多德到牛顿的动力学发展史上两项关键革新中的一个要归功于阿维洛伊。

从大炮里水平射出的炮弹的路径，先沿直线，然后落向地球

14世纪的法国哲学家让·布里丹（Jean Buridan, 约1300—约1358）把推动者赋予的动势和运动物体的速度联系起来。他认为，动势既可以沿一条直线也可以沿一个圈，后者解释了行星的运动。他的解释类似于现代的动量概念。

布里丹的学生，萨克森的阿尔伯特（Albert of Saxony, 约1316—1390），扩充了这个理论，他将抛射体的路径分成三个阶段。在第一阶段（A—B），重力不起作用，物体沿推动者赋予的动势方向运动。在第二阶段（B—C），重力恢复了统治，动势衰减，所以物体开始趋于向下。在第三阶段（C—D），当动势耗尽，重力掌控了物体，向下拉它。

　　当推动者让物体运动起来时，他就在其中植入某种动势，即是说，某种力能使物体沿推动者启动它的方向运动，可以向上、向下、向侧边或沿一个圈。植入的动势与速度同比例增加。正是因为这种动势，一块石头在抛射者终止推动后还会继续运动。但是，由于空气阻力（还有石头的重力）力求将它移到动势所致运动的反方向，动势会一直衰减。故而，石头的运动会逐渐变慢，最终动势减小或灭失，以至于石头的重力会占据上风并将之移到它的天然位置。

　　　　　　　　——让·布里丹，《对亚里士多德〈物理学〉的质疑》

　　　　　　　　（*Questions on Aristotle's* Physics）

布里丹的风流传闻

　　今天我们听到的布里丹生平故事未必都是真的，但这些故事确实表明他是一个活泼多彩的角色。据说，在一场桃色纠纷中，他用一只鞋打了未来教宗克莱门特六世（Clement VI）的头，而他的死因是以私通王后的罪名被法王装入麻袋扔进塞纳河。

牛津计算者——无名英雄

牛津计算者（Oxford Calculators）是14世纪集中于牛津大学默顿学院（Merton College, Oxford）的一个科学家兼数学家群体，包括托马斯·布拉德沃丁（Thomas Bradwardine）、威廉·赫特斯伯里（William Heytesbury）、理查德·斯温斯海德（Richard Swineshead）和约翰·邓布尔顿（John Dumbleton）。他们探究了瞬时速度，且早于伽利略琢磨出了通常归于他名下的落体定律（law of falling bodies）的雏形。他们还陈述并证明了平均速度定理（mean speed theorem）：若运动物体在一定时间内匀加速，则它经过的距离等于以同一段时间内的平均速度运动的距离。热和力之类的特性在理论上可被量化，他们属于第一批作如是观的人，纵然他们还没有度量的方法，他们亦提出用数学探讨自然哲学问题。遗憾的是，中世纪的牛津学者经常因他们研究之深奥而遭到嘲笑，这一群体最终消散得无声无息。

隧道实验

让一颗炮弹径直穿过地球是一个著名的思想实验

科学史上最重要的思想实验之一是设想有一颗炮弹落进一条穿过地心的隧道达到地球另一边。中世纪的几位思想家曾探讨过这个实验，发展了阿维森纳和布里丹的动势观念。他们认为，这颗炮弹应该在世界的彼端上升到它在此端下落的高度。这个解释说的是，炮弹获得的动势来自作用其上将之拉进地球的重力，且它足以抵偿出口端路径上的重力作用。当它抵达最初下落的高度，动势会耗尽，而炮弹会再次下落，遵循同样的模式往复振荡。对17世纪物理学极其重要的往复振动第一次被纳入了动力学的研究。

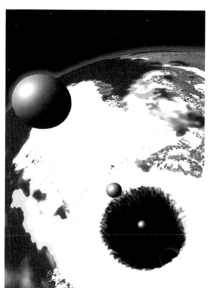

隧道实验适用于解释摆的振荡，后者被视为微缩的隧道实验。摆被下拉到最低点（水平中点），它获得的动势推动它继续沿着侧向（但还是向上的）路径前进，直到动势耗尽又被拉回来，补充动势，转而朝另一方向运动。按亚里士多德的动力学，在喜帕恰斯和菲洛珀乌斯的模型中，摆动是一个无法解释的反常现象。在摆下落后，没有明显的原因让它再次上升。这里总算给出了一种解释的办法。

经典力学的真正诞生

16世纪到17世纪的科学家试图解释从抛射体到星辰的物体运动。动力

笛卡尔与机械论性世界观

实质上是勒内·笛卡尔率先提出了存在永恒不变的自然规律。他发展出了一种机械论性的世界观，启发他的是一位业余科学家和机械论哲学的捍卫者，荷兰人伊萨克·贝克曼（Isaac Beeckman, 1588—1637），两人于1618年结识。笛卡尔试图解释包括有机生命体在内的整个物质世界，其依据是遵循物理规律运动的物质粒子的尺寸、形状和相互作用。他甚至将人体视为一种机械，尽管他将灵魂排除于机械论纲领之外。按他的观点，上帝是"第一推动者"（prime mover），是上帝向宇宙施予其运转所需的一击，但之后宇宙便像机械钟表那样，遵循物理规律自行运转。他相信，若初始条件已知，任一系统的结果都是可预测的。

笛卡尔相信生命体像机械钟表那样遵循物理规律运作

学的早期研究被严格检验乃至被取而代之，主要是靠意大利的伽利略和英格兰的伊萨克·牛顿，当然还有约翰内斯·开普勒等天文学家的重要贡献。

伽利略的滚球实验

伽利略对亚里士多德物理学的怀疑始于早年。甚至在求学比萨的青年时期，他就可以驳斥亚里士多德那个重物比轻物下落更快的主张，援引的证据是差不多从同

伽利略不大可能在比萨斜塔上抛过炮弹，但这种想法素来诱人

一高度下落的不同大小的冰雹会同时到达地面。（当然，这是一个不可靠的证据，因为他没法知道冰雹是否同时开始下落。）他还揭示了，一颗炮弹击中与炮口等高的目标，其到达目标的速度等于离开炮口的速度。

伽利略对抛射体和落体特别有兴趣。他不大可能真做过归于他名下的那个著名实验，即从比萨斜塔（Leaning Tower of Pisa）上抛下不同重量的炮弹来展示它们以同样速度下落——这更有可能只是一个思想实验。但不管他做没做过，组织实验来检验观念并用结果作证据来支持科学论断的构想，都是伽利略实践的核心，这将成为科学方法的基础。

伽利略做的力学实验不是从一个吓人的高度抛下炮弹，而是用不同重量的球滚下斜面。在钟表还没有秒针的时代，在实验中准确计时并非易事。伽利略是用一个水钟和自己的脉搏来测量球滚到斜面底端所需时间，揭示了重力对轻重物体的作用效果是一样的。这与亚里士多德的教诲背道

月球上的伽利略实验

1971年，阿波罗15号（Apollo 15）的宇航员证实了伽利略的落体论述是正确的。在没有大气（也就没有空气阻力或空气升力）的情况下，不论重量或形状如何，从同一高度同时开始下落的物体会同时到达地面。宇航员用羽毛和地质锤证实了这一点。

伽利略·伽利雷（Galileo Galilei，1564—1642）

伽利略

　　伽利略在家接受教育直到11岁，随后被送到一所修道院进行更正规的学习。令父亲不安的是，伽利略喜欢上了修道生活，15岁时决意遁入教门。天佑科学史，他患上了眼部感染，父亲将他带回佛罗伦萨家中接受治疗。伽利略再未返回修道院。按父亲的意愿，伽利略进入比萨大学修习医药学，但很快就为数学所分心，不大专注于医药课程。1585年，他在没有拿到学位的情况下离校，但在四年后又作为数学教授回归。

　　伽利略的教授薪俸很低，父亲去世时曾允诺（但没有支付）给伽利略的妹妹一大笔嫁妆，这加剧了他的贫困。1592年，他设法获得了帕多瓦大学的数学教授职位，他到了一所更具声望的大学，得到一个薪资更高的工作。不过，他仍要为钱发愁，转而靠发明来缓解窘困，起初开发的温度计在商业上并不成功，然后又制作了一台机械计算器，这确实在一段时间内带来了一些收入。1604年，伽利略与开普勒一道考察了一颗新星（实际上是一颗超新星），到1608年左右，他论证了一个抛射体的路径是抛物线。1609年，伽利略开始制作自己的望远镜，在这一年里，他将放大率从既有设计的3倍提高到20倍。伽利略送了一台仪器给开普勒，后者用它确证了伽利略的天文发现。这些发现，诸如木星的卫星和金星的相，支持了哥白尼的观点，即地球绕太阳运行（日心说），而非太阳绕地球运行（地心说）。多年以来，伽利略在表述或出版这一观点上受到监控，因为它违背了天主教会的教义，到1616年他被禁止宣扬或教授日心模型。1632年，他获得许可出版一部以中立态度探讨该主题的作品《关于两大世界体系的对话》（*Dialogue Concerning the Two Chief Word Systems*）①，但这本书明显偏向反对地心说，以至于伽利略在1634年被判为异端②，以在家软禁之身度过余生。在蛰居期间，他完成了《关于两门新科学的谈话和数学证明》（*Discourses and Mathematical Demonstrations Concerning Two New Sciences*）③，他在其中阐明了科学方法并宣称宇宙可以被人类的智慧所理解而支配宇宙的法则可以约化为数学规律。

---

① 全名为《关于托勒密和哥白尼两大世界体系的对话》（*Dialogo Sopra i due massimi systemi del mondo, Tolemaico e Copernicano*）。
② 准确地讲，是重大异端嫌疑。
③ 即 *Discorsi e Dimostrazioni Matematiche Intorno a Due Nuove Scienze*，其中"两门新科学"分别指关于物质结构强度的科学（材料力学）和关于物体运动的科学（运动学和动力学）。

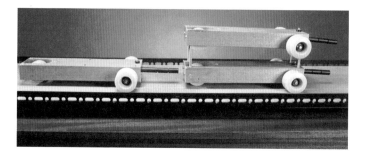

如很多学童所知，很容易用沿倾斜轨道运动的木制小车来重复伽利略的实验

而驰，显然也同常识相悖。但伽利略指出，我们看到羽毛或纸片比炮弹下落得慢，是由于空气阻力减慢了下落，不是因为重力对更轻物体的影响更小。

滚球实验还揭示了其他的东西。随着斜面越来越缓，伽利略意识到，在没有力来阻止的情况下，沿水平面滚动的球会永远滚动下去。这又违反了亚里士多德的教诲。这似乎也是反直觉的——在桌面上推一块砖，一旦我们停止推动，这块砖就会停下来，甚至是带轮子的手推车过一会儿也会停下来。伽利略正确地识别出一种阻止运动的力——摩擦力。伽利略发现运动会一直持续，除非被阻止，然而在诠释这个发现时，他犯了一个错误。他认为，由于地球在转动，惯性运动总会沿一条圆周路径。这要留待笛卡尔来论证物体会沿一条直线持续运动，直到作用于其上的某个力改变它们的运动方向。

停止与开始

惯性是物体对开始运动的抵抗。物体如果要开始运动，就必须克服它。一旦物体被赋予初始动势，它保持运动的趋势即动量。物体受与动量方向相反的力的作用，减速到停止，动量随之损失。按亚里士多德的动力学，喜帕恰斯、菲洛珀乌斯和阿维森纳主要处理的是类似动量的概念及其损失——是物体被赋予初始动势后，如何及为何持续运动直至停下来。然而，他们未能正确解释物体为什么会停止运动。波斯的物理学家解释动势开启的运动最终损失时，提及一种内禀的静止趋势，即静止倾向（inclinatio ad quietem）。阿维洛伊率先描述的静止倾向是惯性的一个好定义（见第68页），但它还不是物体停止运动的原因。

1640年，皮埃尔·伽桑狄（见第22、23页）在一艘从法国海军借来的帆桨船甲板上做了一个决定性实验，动摇了视惯性为一种减慢运动的力的主张。该船以全速横越地中海，同时炮弹从桅杆顶部落下。每一次，炮弹都砸中舱板同一位置——正中桅杆底部区域。它们没有因船的前进而滞后。这表明，一个物体会沿启动方向持续运动，直到被某个力阻止。炮弹跟得上帆桨船是因为没有东西来阻止它前进，且这种状况会随其坠落持续下去。伽桑狄深受伽利略及其推广的实验方法影响。

牛顿的《原理》或许是有史以来最具影响力的科学著作

宗师所言

　　主宰物理学超过二百年的经典力学形式有时被称为"牛顿力学"（Newtonian mechanics），得名于伊萨克·牛顿在17世纪下半叶系统阐述的三个运动定律。分别是惯性定律、加速度定律以及作用和反作用定律。他对第二定律和第三定律的探讨见于1687年出版的《自然哲学之数学原理》（*Philosophiæ Naturalis Principia Mathematica*/*Mathematical Principles of Natural Philosophy*），通常简称为《原理》。牛顿的伟大突破在于用自己发

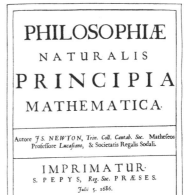

牛顿运动定律

　　第一定律：物体以匀速沿直线运动或保持静止，除非受力作用改变速率或方向。

　　第二定律：力产生的加速度与物体质量成比例（$F = ma$ 或 $F/m = a$）。[1]

　　第三定律：每一个力的作用都会产生一个等大反向的反作用。（例如，推动火箭前进的力与向后排出废气的力等大。）[2]

　　这些定律体现了能量守恒定律、动量守恒定律和角动量守恒定律。

---

[1] 通常使用的 $F = ma$ 不是牛顿第二定律原始表述（用数学符号表示为 $F = \mathrm{d}P/\mathrm{d}t$），它是欧拉给出的。
[2] 两个存在相对运动的电荷间的洛伦兹力不一定满足牛顿第三定律。

牛顿

伊萨克·牛顿（Isaac Newton，1643—1727）

牛顿早产于1642年的圣诞节（按《儒略历》），没人指望他能活下来。他从小就在学校里被贴上了懒散和不专注的标签，在剑桥大学也是个平庸的学生。剑桥大学因1665年的大瘟疫（Great Plague of 1665）关闭，他被迫待在林肯郡的家中消磨时间。就在那里，他琢磨出了运动定律的雏形以及对引力的初步洞见。返回剑桥后，他于1669年就任卢卡斯数学教授（Lucasian professor of mathematics），

年仅27岁。他证实了白光由全光谱色光构成，还发展出了微积分——不过，一场优先权之争随之而来，其对手是独立发展出微积分的哥特弗里德·莱布尼兹（Gottfried Leibnitz, 1646—1716）。牛顿撰写了两部重要著作，《原理》和《光学》。牛顿是出了名的好辩且傲慢，他频繁与其他科学家争执，且与罗伯特·胡克长期龃龉。

展出来的数学体系详述力学，这套数学体系今天叫作"微积分"（differential and integral calculus）[①]。

运动与引力

牛顿阐发了动量守恒和角动量守恒的原理，还用他的万有引力定律（law of universal gravitation）系统表达了引力。这说明，宇宙中每一个具有质量的粒子都会吸引另一个具有质量的粒子。这种吸引作用就是引力。当一个苹果从树上落下，它被引力[②]拉向地球，但同时这个苹果也对地球施加了自己微弱的引力牵拉[③]。两个物体间的引力与二者之间的距离平方成反比。发表于1687年的引力定律是第一种在数学上描述的力。在系统阐述该

---

① "微积分"（calculus differentialis 和 calculus summatorius）是莱布尼兹的叫法，牛顿本人称之为"流数术"（methodus fluxionum）及其逆运算"反流数术"。
② 在忽略地球自转的前提下，可以不区分地球上物体所受的"重力"和"引力"这两个概念。
③ 根据牛顿第三定律，苹果对地球的引力和地球对苹果的引力是等大反向的，而根据牛顿第二定律，同样大小的引力对地球产生的加速度远远小于对苹果产生的加速度（显然地球的质量远远大于苹果）。

定律时，牛顿首次论证了整个宇宙受同样的规律支配，我们可以为这些规律建立模型。

牛顿的运动定律和引力定律既适用于地球上的寻常之物又适用于各种天体。它们解释了我们周遭世界中可辨别的大多数运动，仅折载于近光速运动或极其微小的物体，这两种可能性都不在牛顿的考虑之列。牛顿的定律解释了伽利略的发现，包括他那个不同重量炮弹的思想实验，还解释了开普勒描述的行星椭圆轨道。在牛顿的宇宙中，若已知物体质量和作用其上的力的信息，所有物体的运动都是可预测的。

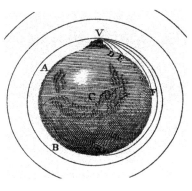

牛顿《论世界的体系》（*A Treatise of the System of the World*）中描绘如何将炮弹送入轨道的示意图

以宇宙为试验场

牛顿证实他的新定律靠的是以之解释太阳系中的行星运动。他揭示了地球轨道的曲率何以源于指向太阳的加速度，而太阳的引力又何以决定了行星的轨道。他的解释是开普勒早前给出描述的基础（见第167页）。天体力学——研究天体运动及作用于其上的力——被确立为物理理论的试验场。在接下来的数个世纪，我们对行星运动的理解有所精进，靠的是将行星施加的引力场纳入基于牛顿定律的计算。牛顿意识到行星轨道不会正如他所计算的那样，他坚信每过几个世纪就需要神力介入来让万物回归正轨，将麻烦制造者——木星和土星——放回它们应该在的位置。

是法国数学家兼天文学家皮埃尔-西蒙·拉普拉斯（Pierre-Simon Laplace, 1749—1827）在牛顿定律的框架内计算出究竟发生了什么。

空气与水

某些力是明显的——例如，我们推一下玩具卡车，它就会动起来——另一些力则不那么容易看到。作用于物体的气压或水压可以让它动起来，

让它变形乃至将它摧毁。流体的行为方式和行星或苹果不同。流体能够流动，没有固定形态，这意味着它施加的力不同于固体施加的力。即便如此，观察流动或下落的液体并理解它的力还是有可能的。观察和探究气体的行为要稍难一些，因为大多数气体都是不可见的。根据折断树木又摧毁

一片落叶不会径直落向地球，因为它的质量小而表面积大，这意味着它容易被风吹走

房屋的风力可以清楚看到运动的气体能产生巨大的力量，但这更难用来做实验。

亚历山大港的希罗设计了一种"汽转球"（aeolipile）或者说早期的蒸汽机，是逸出的蒸汽导致顶部的球体转动

阿那克萨哥拉做了公开实验来证实气压的存在，他把一个装有空气的封闭球形容器推入水中。虽然他在容器底部开了些小孔，但水进不去，因为它已装满空气。阿那克萨哥拉没有将他的研究推广到大气压，但他揭示了空气阻力能够解释树叶为何会飘浮在空气中。阿基米德提出理论，浸没入水中的物体受到一个向上的力，其大小等于它排开水的重量。[①]

亚历山大港的希罗（见第37页）将气压、水压和蒸气压用于实践，他发明了一个驱动乐器的风轮，又制造了第一台蒸汽机。他还制作了一个自动门：空气被祭坛上的火加热，排开水使之汇集，其重量拉动绳索把门打开。希罗还制造了第一台自动售货机，甚至还完成了一台自动木偶戏。他的自动售货机贩卖的是一定体积的圣水。投进去的钱币落到倾斜的盘子上，打开阀门让水流出。当钱币从盘上跌落，配重会切断供水。驱动木偶戏的是一个绳索、绳结和简单机械的系统，皆由一个转动的圆柱状齿轮操纵。

自古以来，人们就通过实验试错知道了抽水高度在10米左右，不能再高。到17世纪40年代，

---

① 即静流体的阿基米德浮力定律。

科学家开始把这个现象和大气压联系起来。意大利数学家伽斯帕洛·贝蒂（Gasparo Berti, 1600—1643）在1640年无意间做出了一个水气压计，他发现，把一端封闭的长管倒扣在一个盘子上，其中水位会稳定在10.4米，管的顶部会留出空间——真空。同为意大利人的物理学家乔凡尼·巴蒂斯塔·巴利亚尼（Giovanni Batista Baliani, 1582—1666）在1630年发现自己无法虹吸抽水超过这个高度，他请伽利略来解释原因。伽利略的解释是，水被真空抓住，而真空没法承受10米以上水位的重量。在那时，包括伽利略在内的大多数人都相信空气本身没有任何重量。

从水到水银

埃万杰利斯塔·托里拆利（Evangelista Torricelli, 1608—1647）是伽利略的朋友和学生，他在1644年提出空气其实有重量，正是空气的重量压在盘中水上使得管中水柱的高度维持在10米。有流言说托里拆利从事巫术，这意味着他不得不秘密做实验，所以他要寻找密度更大的液体以降低液柱高度。他偶然想到用水银，水银的密度是水的16倍，这使得液柱只有65厘米，没那么显眼。

法国数学家兼物理学家布莱斯·帕斯卡（Blaise Pascal, 1623—1662）用一个水银气压计重复了托里拆利的实验，他还更进一步，让其姐夫将该设备抬上山做实验。帕斯卡发现水银柱在高处较低，他由此得出正确结论，高处空气重量[①]更小故而气压更低。他根据自己的发现进行推断，提出气压

葡萄酒气压计

帕斯卡发现了气压计的工作原理，便着手检验亚里士多德派的物理学家所持的信念，即管中"空的"部分充满了来自液体的蒸汽，是这些蒸汽向下压液柱。（他们反对管的顶部可以留有真空。）因为葡萄酒被认为比水更易蒸发，他选择葡萄酒做了一次公开实验。他请亚里士多德派的人提前预测将会发生什么。他们提出，葡萄酒柱会比水柱低，因为有更多的蒸汽向下压它。他们被证明是错的，而帕斯卡的解释获得了胜利。

[①] 将空气视为静流体，从大气层外边缘到该处的空气柱的重量。

布莱斯·帕斯卡

随海拔增加而持续下降。到某个位置，空气逃逸，而地球大气层之上只有真空。为了纪念他，压强的度量单位今天称作帕斯卡（Pa）。1帕斯卡等于1牛顿每平方米。

流体力学

尽管数千年来人们一直在利用流体的运动，但直到18世纪中叶才开始理解它。生于荷兰的瑞士数学家丹尼尔·伯努利（Daniel Bernoulli, 1700—1782）研究了液体和气体的运动，于1738年出版了影响深远的《流体力学》（*Hydrodynamica*）。他发现，快速流动的水施加的压强小于缓慢流动的水，而这一原理能推广到任意流体，无论是液体还是气体。若伯努利将一根竖直细管插进一根输送流水的水平粗管的管壁，水会在细管中上升。粗管里的水压越大，细管里的水升得越高。如果管做得更细，流动液体的压强就会增加。如果管径缩小到原来的一半，压强按适用的平方律增大到四倍。

伯努利《流体力学》的扉页。这是流体力学的第一部著作

伯努利陈述的结论今天称作伯努利定理（Bernoulli's theorem）[1]：在液体流经管道中的任一点，给定质量流体的动能、势能与压力能之和是常量。这相当于能量守恒定律。伯努利定理背后的现象维持飞机的飞行，让我们可以预测天气，帮我们为恒星和星系中的气体环流建立模型。

伯努利在父亲的坚持下攻读过医学博士学位，他对人体中的血液流动感兴趣。他设计了一种测量血压的方法，即将一根毛细管插进血管再测量血液在毛细管中的上升高度。这种侵入性且

---

[1] 前提是理想流体（不可压缩的无黏性流体）做定常流动（运动状态稳定的流动）。

不舒服的血压测量法沿袭了150多年，一直用到1896年。

把流体和质量结合起来

在物质由原子构成被普遍接受之前，不可能将固体和流体的行为以任何有意义的方式统一起来。然而，一旦明白液体和气体是由分子组成的，就有可能理解水压和气压来源于运动粒子对与之接触的其他物体施加的力。的确，正是布朗运动中的现象最终证实了原子的存在（见第31、32页）。原子化的物质模型终于在20世纪初得到了普遍的接受。就在同一时期，牛顿力学开始出现裂痕。

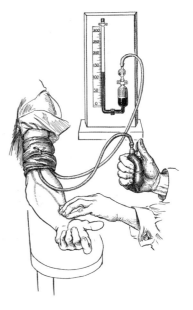

机械式的血压测量法一直用到20世纪末

向力学要效益

在18世纪到19世纪的工业革命期间，工业、农业和运输业的机械化完全改变了欧洲人和北美人的生活。大量人口从乡村迁移到城镇，机器使工业品的大规模制造成为可能，接管了以前需要大量农场工人的农业生产任务，还能更高效地运输工业品、粮食和人。对完美机械的需求有助于驱动科学的进步。1764年，詹姆斯·哈格里夫斯（James Hargreaves）制造了珍妮纺纱机（Spinning Jenny），用简单机械以单个纺轮驱动八个纱锭。1771年，英格兰的托马斯·阿克莱特（Thomas Arkwright）开发出了水力纺纱机，以流水驱动纺纱。第一台蒸汽动力装置是蒸汽泵，但要到詹姆斯·瓦特（James Watt）大力改良蒸汽机，蒸汽动力才得以用于各种不同的工作。这些发明不是物理学家的工作，而是务实者的活儿，后者需要完成实际任务，要找到切实可行的解决方案。这些解决方案来自观察和灵感，而不是理论推演。科学在不久后的介入有助于解释和改良机器的运转，自工业革命以来皆是如此。

《詹姆斯·瓦特和蒸汽机：19世纪的黎明》（*James Watt and the Steam Engine: the Dawn of the Nineteenth Century*），1855
詹姆斯·埃克福德·劳德（James Eckford Lauder, 1811—1869）

将牛顿力学建立在新的基础上

　　牛顿的定律为经典力学奠定了基础，在随后的几个世纪里又得到了推广和发展。瑞士数学家兼科学家列昂哈特·欧拉（Leonhard Euler, 1707—1783）将牛顿定律的适用范围从粒子扩展到刚体（有限大小的理想固体），还进一步给出两个定律以解释物体的内力

列昂哈特·欧拉

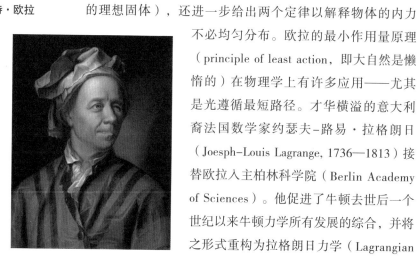

不必均匀分布。欧拉的最小作用量原理（principle of least action，即大自然是懒惰的）在物理学上有许多应用——尤其是光遵循最短路径。才华横溢的意大利裔法国数学家约瑟夫–路易·拉格朗日（Joesph–Louis Lagrange, 1736—1813）接替欧拉入主柏林科学院（Berlin Academy of Sciences）。他促进了牛顿去世后一个世纪以来牛顿力学所有发展的综合，并将之形式重构为拉格朗日力学（Lagrangian

mechanics）。拉格朗日从19岁起动笔撰写《分析力学》（*Méchanique analytique/Analytical mechanics*），直到52岁时完成。他在自己的数学体系基础上综合了那些年来的所有进展，描述了一个力学系统所有变量的极限，这些变量产生于其可用微积分表示的历史进程中。拉格朗日方程将一个系统的动能与其广义坐标（generalized coordinates）、广义力（generalized forces）和时间联系起来。他的著作没有一张示意

约瑟夫-路易·拉格朗日

图——对一部力学著作来说，这是一大显著成就；他的方法是用微积分[1]而不是几何学。他以动能和势能的标量函数取代力、加速度等矢量的积分，由此简化了许多动力学运算。

欧拉和拉格朗日都研究过流体力学，但二人采取的方法各有不同。欧拉描述的是流体中特定点的运动，而拉格朗日则为流体划分区域并分析它们的轨迹。

为现代实用力学[2]做出重大贡献的另一位数学家是爱尔兰贵族威廉·罗温·哈密顿（William Rowan Hamilton, 1805—1865）爵士。在论著《论动力学的一般方法》（*On a General Method in Dynamics*, 1835）中，他用动量和位置表示一个系统的能量，将动力学约化为变分问题。他以哈密顿方程（Hamiltonian equations）对经典力学的形式重构有时被叫作哈密顿力学（Hamiltonian mechanics）。在研究过程中，他发现牛顿力学和几何光学之间存在紧密的关联。直到近百年后量子力学崛起，其工作的完整意义才得以显现。

---

① 或者说分析方法。

② 即分析力学（analytical mechanics）。分析力学在复杂力学系统中的应用体现出了它比牛顿力学更大的优越性和普适性，让最初只是对球状星体的建模和理论，可以用到更加一般的多质点、刚体、连续体等各种宏观复杂力学体系中，广泛用于结构分析、机器动力学与振动、航天力学、多刚体系统和机器人动力学以及各种工程技术领域。

威廉·罗温·哈密顿（William Rowan Hamilton, 1805—1865）

哈密顿自幼就显现出非凡才华，3岁便识字阅读。到5岁时，他可以翻译拉丁文、希腊文和希伯来文，11岁时编纂了一部古叙利亚语的语法书，14岁时还用波斯语向到访都柏林的波斯使节致欢迎辞。哈密顿在数学和天文学上的天赋极高，以至于他本科还没毕业就被选聘为天文学教授兼爱尔兰王家天文学家。他对酒精有重度依赖，以之为营养来源，虽然他的大多数工作都是在自家饭厅完成的，但几乎只吃羊排。他去世后，从他那堆论文里发现了几十盘仍在原处的羊骨头。他的成就遍及数学、天文学、古典学、动力学、光学和力学。

威廉·罗温·哈密顿爵士

惯性与引力的统一

从牛顿对惯性定律和引力定律的陈述到爱因斯坦创立相对论，居于其间的是奥地利物理学家恩斯特·马赫（Ernst Mach, 1838—1916）。牛顿相信空间是一种绝对的背景，可以将运动相对于它标示出来。马赫并不同意，他说运动总是相对于另一物体或另一点。像爱因斯坦那样，他相信只有相对运动才有意义。作为结论，仅当存在别的物体来参照一个物体的运动或静止时，惯性才能得到理解。例如，若没有恒星或行星，我们便不能辨别地球是否在公转。马赫原理（Mach's principle）——他本人并没有将之表述成一个原理，是爱因斯坦创造了这个术语——已然有相当笼统的表述，大概如"彼处的质量影响此处的惯性"。"彼处"无质量，则"此处"无惯性。

恩斯特·马赫

大与小

牛顿力学似乎对宇宙中的较大物体很管用，当被应用到极小尺度时，它就开始失效了。当物理学家意识到有原子和亚原子粒子时，他们发现那些被自己视为对万事万物都固定不变的物理规律好像不再适用了。对物理规律的信心来之不易，却正在崩塌，这些规律在20世纪将会遭遇严密的审查。

对原子的研究证实牛顿的观念确实无法解释整个宇宙，这表明，在非常小的尺度上，物质有出人意料的行为方式。经典力学在原子尺度、速度近光速以及强引力场的情况下达到了它的极限。在深入原子内看其如何挑战自然规律之前，我们需要退回来考察一下能量——质量运动方程的另一半。

第4章
能量的场与力

当一个力作用于质量使之移动，我们仿佛可以清楚看到能量牵涉其中。所以，在自古以来对力的所有考量中，唯能量基本上被早期自然哲学家忽视，这似乎出人意料。能量的概念比较新，直到17世纪才浮现。事实上，"能量"（energy，来自希腊文energia，为亚里士多德所创）这个术语的现代意义直到1807年才由博学的天才托马斯·杨（做过双缝实验的那位）引入。最明显的能量形式是光和热，二者皆来自太阳的慷慨馈赠。人类还利用过化学能（由燃料燃烧释放）、落体的重力势能、风和流水的动能以及晚近的电能与核能。

闪电狂风代表大自然中能量的大爆发，
其破坏力令人畏惧

能量守恒

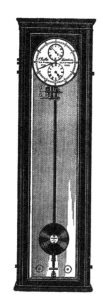

正如物质是守恒的，不生不灭，能量也是如此。它可以从一种形式转化为另一种形式——这就是我们如何利用能量做有用功——但能量永远不会被真正消耗掉。伽利略注意到，摆将重力势能（gravitational potential energy）转化为动能（kinetic energy或the energy of movement）。当摆锤在摆动的最高点，它瞬间静止，具有最大的势能。随摆锤运动，势能转化为动能，当它在另一边爬升，又会回收势能。

创造"能量"

不同类型的能量是等价的，这并不是显而易见的。即便是在今天，能量到底是什么以及如何做功还没得到基本层面的理解。德国数学家哥特弗里德·莱布尼兹（Gottfried Leibnitz, 1646—1716）在数学上解释了不同类型能量间的转

克里斯蒂安·惠更斯在1656年首次开发出了摆钟。完成一次完整摆动总是花费同样的时间

溜冰者能以收拢手臂来加快旋转或以伸展四肢来减慢旋转

有一个事实，如果你愿意，也可以叫一条定律，支配着迄今已知的所有自然现象。这条定律没有已知的例外——据我们所知，它是严格成立的。这条定律叫能量守恒。它表明，存在某种量，我们称之为能量，它在大自然经历的万般变化中不会改变。这是最抽象的一个观念，因为它是一个数学原理。它说的是，存在一个量，在有情况发生时，其值不会改变。它不是一个对机制的表述，也不是对任何具体过程的表述。它只是一个奇怪的事实，我们可算出某个数值，当我们看完大自然的把戏后，再算一遍，前后一样。

——美国物理学家理查德·费曼（Richard Feynmann），1961

永动机

能量守恒原理或许暗示有可能制造一台永动机：一台用自己产生的能量来维持自己运转的机器，可以在不同形式之间不断循环利用能量。1150 年左右，印度数学家婆什迦罗（Bhaskara, 1114—1185）首次提出了这个观念，他描述了一个轮子随滚动顺其轮辐放下重物，驱动自身运转。即便是理应洞明事理的罗伯特·玻义耳，也设想过一个系统，不断将水装满杯子，倒空再装满。然而，有关永动机的所有想法注定会失败，因为能量会因摩擦和低效而损耗。到了 18 世纪，法兰西王家科学院和美国专利局都被永动机的申请和投标淹没了，以至于他们明令不再受理。

化，他称之为"活力"（vis viva）。他的工作，连同荷兰数学家兼哲学家威廉·格拉维桑德（Willem Gravesande, 1688—1742）的观测，由法国物理学家夏特莱侯爵夫人（Marquise Émilie du Châtelet, 1706—1749）提炼，她定义一个运动物体的能量正比于其质量与其速度平方的乘积。这与动能的现行定义相差无几：

$$E_k = \frac{1}{2}mv^2$$

与火搏斗

关于物质如何又为何燃烧，早期理论的核心是可燃物的一种假想成分，称之为"燃素"（phlogiston）。当物质燃烧时，燃素会从中逃逸。这个理论其实说的不是能量，而是火引起的物理变化和化学变化。该理论发端于炼金术士约翰·比彻（Johann Becher）在 1667 年的工作。他修正了恩培多克勒（见第 17 页）以降包含四大元素——土、气、水和火——的古代物质模型代之以土的三种形态："硬土"（terra lapidea）、"流土"（terra fluida）和"脂土"（terra pinguis）。

人类用火达数千年之久，却不理解其中原理

夏特莱侯爵夫人（Gabrielle Émilie le Tonnelier de Breteuil, Marquise du Châtelet, 1706—1749）

埃米丽·杜·夏特莱是一位法国贵族的千金，对一位女士来说，她长得太高大，以至于她的父亲认为她不大可能嫁得出去。结果是，父亲为她聘请了最好的家庭教师（她在12岁时可以说六种语言），任由她沉迷于物理学和数学。她的母亲则不同意，想把她送进一所修女院，万幸她父亲的观点占了上风。埃米丽对赌博产生了兴趣，她用数学来提高获胜的概率，然后再用赌金购买书籍和实验设备。

埃米丽婚后育有三个孩子。她的丈夫经常外出，忙于从军征战或巡游庄园，

在科学尚为男性为主的时代，埃米丽·杜·夏特莱成了一位显赫的女物理学家

她得以自由地追求科学和结交情人——或许包括作家兼哲学家伏尔泰（Voltaire），其真名为弗朗索瓦-马里埃·阿鲁埃特（François-Marie Arouet）。伏尔泰无疑是她在智识上的亲密伴侣，他在布莱斯西雷（Cirey-sur-Blaise）的夏特莱庄园待了很长时间，这对情人在那儿共享一座实验室。埃米丽翻译了牛顿的《原理》，又撰写了《物理学体系》（*Institutions de physiques*, 1740），试图调和牛顿与莱布尼兹的观点。1737年，她参加了法兰西科学院组织的一场论文竞赛，私下研究了火之特性。在论文中，她提出不同的色光具有不同的致热能力，这是识别出红外辐射的先兆。她没有赢得比赛，但她的论文还是发表了。

她做过一个实验，让炮弹落入湿黏土层。她发现，炮弹的速度加倍会导致它陷入黏土的深度增加到四倍，表明力的作用效果正比于质量与速度平方之积（$m \times v^2$）而非牛顿所谓的质量与速度之积。

1703年，德国哈勒大学的医药学和化学教授乔治·恩斯特·施塔尔（Georg Ernst Stahl, 1660—1734）略微修改了这个模型，将脂土更名为"燃素"。

乔治·恩斯特·施塔尔

燃素被认为是一种无嗅、无色且无味的材质，它由燃烧的物质释放。当燃素全部被释放，燃烧物的性质往往会改变，就像木材变成了灰烬。然而，若物质在一个封闭空间燃烧，它可能不会完全燃烧，因为燃素在空气中饱和了。这难以解释燃烧或加热金属有时会增加质量（今天知道这是由于形成了氧化物），但燃素理论的信奉者有一个狡猾的解决方案。他们断言，有的燃素没有重量，有的具有正的重量，而有的甚至具有负的重量，所以燃素的损失确实能增加燃烧物的质量。燃素还与锈蚀和生命系统有关——生物不能存活于某物燃烧后"富含燃素的"空气中，而铁在其中也不会生锈。

这个理论被安托万–洛朗·拉瓦锡（见第28页）提出的一种化学解释推翻了，他论证物质的燃烧或锈蚀是与氧的化合。认识到这与生命过程有关——呼吸也需要氧——首次揭示了化学过程占据了生命现象的核心。

燃素和之后的氧解释了燃烧的化学过程，但热本身仍是一个谜，直到夏特莱侯爵夫人在1737年提出后来被确认为红外辐射的东西。

巴黎的拉瓦锡实验室

热力学

工业革命时期，蒸汽机等动力机械的发展意味着理解热力学的需求日益迫切——热如何产生，如何传递，又如何能被利用来做功。关于热之本质的两个理论，并非完全相互排斥而是偶有交集，二者流行于18世纪，即热质模型（caloric model）和热动模型（mechanical model of heat）。

热动模型基于微小粒子的运动。分子动理论（kinetic theory of gases）源出丹尼尔·伯努利出版于1738年的著作《流体力学》（见第80页）。他提出气体是由运动的分子构成的。当分子轰击一个表面，其效应就是气压；它们的动能被感觉为热。这个模型今天仍被承认。

热质模型的意思是，热是一种物质形态，是一种不可破坏的粒子组成的气体。热原子或热质原子可以与其他材质的原子结合，也可以自由排布并潜行于其他物质的原子之间。拉瓦锡在批判燃素时提出了热质的存在。他相信，热质原子是氧的成分，是它们的释放产生了燃烧热。摩擦生热是由于热质原子从运动物体上剥离。

北美殖民地出生的物理学家伦福德伯爵本杰明·汤普森（Benjamin Thompson Count Rumford, 1753—1814）实施了一个实验，他称量了一块冰，待熔化后再次称量。他发现前后重量没有显著区别，提出冰在融化时没有获得热质。但是，热质模型的支持者为了反驳，转而提出热质的质量可忽略不计。伦福德伯爵进一步观察到在炮筒这样的金属上钻孔会产生巨量的热，

伦福德用炮筒做了一个实验。他提出，热是粒子的运动，能由摩擦导致

冷质

正如热被设想为热质的产物，18世纪80年代的一些科学家相信冷这种特性源自一种叫"冷质"（frigoric）的材质的存在。这被瑞士哲学家兼物理学家皮埃尔·普雷沃斯特（Pierre Prévost, 1751—1839）证伪了，他说冷不过是一种热的缺乏。他在1791年揭示，一切物体，不管它们表现得有多么冷，都会辐射出一些热。

我现在深信热质之不存在一如我深信光之存在。

——汉弗莱·戴维，1799

连同英格兰化学家汉弗莱·戴维（Humphry Davy, 1778—1829）做的实验，理应向所有人证实热质说是错的，因为他们揭示了热可以仅凭做功产生。虽然有一些人怀疑热质说，但伦福德伯爵和戴维的结论并没有被接受，直到英格兰物理学家詹姆斯·普雷斯科特·焦耳（James Prescott Joule, 1818—1889）在50年后重做了他们的一些实验。

焦耳的实验证实了功可以转化为热。例如，水受压通过筛筒会升高温度。这为能量在不同形式间转化的守恒理论奠定了基础，并揭示了热质模型的错误。（奇妙的是，热量守恒对热质模型是应有之义，因为它把热当作物质，而大家都已知道物质是守恒的。）

焦耳用来测量热功当量（mechanical equivalent of heat）的设备

焦耳算出让1磅水升高1华氏度所需功的量值是838尺磅。（1尺磅是1磅力作用在到支点1英尺的垂直距离上产生的力矩或扭矩。[①]）他尝试不同的方法得到相似的结果，这导致他接受自己的理论和数据大致是正确的。

起初，焦耳的工作没有收到

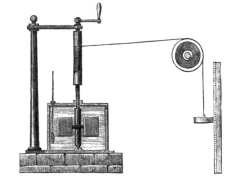

———————————

① 功、热量或能量的量纲与力矩或扭矩的量纲相同，但这两类物理量的物理意义不可混为一谈。

热烈的回应，部分是因为它依赖于非常精密的测量——温度差在1/200华氏度。

当迈克尔·法拉第和威廉·汤姆逊（后来的开尔文勋爵）在1847年听说焦耳公布了自己的工作，二人都很感兴趣，但他们花了很长时间才接受焦耳的观点。

焦耳和开尔文的第一次合作发生在二人相遇之时，彼时焦耳正在度蜜月。在法国，他们计划测量一挂瀑布顶部和底部的温差，但最终发现这不切实际。开尔文和焦耳之间的通信从1852年持续到1856年，由焦耳来做实验，由开尔文来解说结果。焦耳推断热是原子运动的一种形式。虽然在那个时代原子化的物质模型并未得到普遍承认，焦耳仍从英格兰化学家约翰·道尔顿那里学到了有关原子模型的一切，并全盘接受之。

热力学定律

热力学三定律对任一涉及热和能量的系统能做什么又不能做什么设定了限制。这些定律产生于19世纪，热已被普遍承认为粒子的运动。

1850年，鲁道夫·克劳修斯（Rudolf Clausius, 1822—1888）系统表述了热力学第一定律，该定律本质上是对能量守恒的陈述：一个系统的内能（internal energy）变化等于它获得的热量减去它对外做的功。换而言之，能量永远不生不灭。如克劳修斯所述，这个定律基于焦耳的论证，即功或能量与热相当。热力学第二定律的发现实际上早于第一定律。法国军事工程师尼古拉斯·萨迪·卡诺（Nicolas Sadi Carnot）描述了一种理论上的理想热机（ideal heat machine），其中的能量不会因摩擦或耗费而损失，他论证了热机效率取决于两个热源之间的温差。所以，使用过热蒸汽的蒸汽机会比使用更冷蒸汽的产生更多的功，而一台在更高温度下使用燃料的发动机（比如柴油机）最终会有更高的效率。就像19世纪的许多热力学研究那样，卡诺以既有机械的设计为出发点

蒸汽机将内能转化为动能以驱动车辆或机器

尼古拉斯·列昂纳德·萨迪·卡诺

（Nicolas Léonard Sadi Carnot, 1796—1832）

尼古拉斯·卡诺生于法国巴黎，他是一位军事统帅的儿子[①]，他的堂侄马里埃·弗朗索瓦·萨迪·卡诺（Marie François Sadi Carnot）曾于1887年到1894年担任法兰西共和国总统。自1812年起，年轻的卡诺入读巴黎的综合理工学校（École polytechnique），他在那儿或曾受教于著名的物理学家西门-丹尼斯·泊松（Siméon-Denis Poisson, 1781—1840）、约瑟夫·路易·盖-吕萨克（Joseph Louis Gay-Lussac, 1778—1850）和安德烈-马里埃·安培（André-Marie Ampère, 1775—1836）。自1712年开始运用的蒸汽机在50多年后被詹姆斯·瓦特大力改良。但其发展在很大程度上是靠反复实验试错和灵光一闪的猜测，几无科学研究。在卡诺开始探究蒸汽机的时候，其平均效率只有3%。他要着手回答两个问题："功是否得自一个潜能无限的热源？"以及"能否以其他工作流体或气体替换蒸汽来改良热机？"在处理这些问题的过程中，他琢磨出了一个蒸汽机的数学模型，这个模型有助于科学家理解蒸汽机如何运作。

尼古拉斯·萨迪·卡诺

虽然卡诺是援引热质陈述他的发现，他的工作仍为热力学第二定律奠定了基础。他发现，一台蒸汽机产生动力不是因为"热质的消耗"，而是因为"热质从一个热的物体传递到了一个冷的物体"，而产生的动力随"冷热物体间的"温差增大而增强。他于1824年发表了自己的结论，但他的工作得不到多少认可，直到鲁道夫·克劳修斯在1850年将之复兴。

卡诺死于霍乱，年仅36岁。由于担心传染，他的文稿等遗物大多随葬，只留下他的书作为他工作的证明。

[①] 法国大革命到拿破仑统治时期的军事家兼数学家拉扎尔·卡诺（Lazare Nicolas Marguerite Carnot, 1753—1823）。

物理学走向统计

詹姆斯·克拉克·麦克斯韦（见第52页、第110页和第174页）对分子速度的形式化表述被称为"麦克斯韦分布"（Maxwell distribution），它给出了具有特定速度的自由运动分子在气体中占比（或者粒子具有特定速度的概率）的计算方法。这是物理学中的第一个统计规律。它已被替换为麦克斯韦–玻尔兹曼分布（Maxwell–Boltzmann distribution），后者改进了麦克斯韦的技巧和假设。

进行探索并解释使之做功的物理。实践科学驱动了理论科学。

卡诺援引热质来陈述自己的发现，克劳修斯则引入熵（entropy）来重申热力学第二定律。克劳修斯说一个系统总是趋向熵更大的状态。熵通常被当作"无序"（disorder）的度量。更准确地讲，它度量的是一个系统中不能做功的能量比率；在任一真实系统中，某些能量总是随热耗散掉。当燃料燃烧

麦克斯韦妖

1871年，詹姆斯·克拉克·麦克斯韦提出一个思想实验，试图规避热力学第二定律。他描述了两个毗邻的盒子，一个装热的气体，另一个装冷的气体，有一个小孔连接二者。正常情况下，热量从一个热的区域传到一个冷的区域，快速粒子撞击慢速粒子并使之加速，而快速粒子反之减速。最终，在两个盒子里，气体含有的粒子会具有

麦克斯韦妖

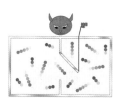

同样的速度分布，二者会达到同一温度。不过，在这个实验中，有一个妖精在小孔处调控粒子的通行。这个妖精打开小孔放快速运动的粒子从装冷气体的盒子移动到装热气体的盒子，又放慢速运动的粒子从装热气体的盒子移动到装冷气体的盒子。按这种方式，这个妖精能以降温冷气体为代价升温热气体，还能减小该系统的熵。这个系统仍然不能规避热力学第二定律，因为这个妖精的任何操作本身一定会用能量来做功。2007年，苏格兰物理学家戴维·利（David Leigh）在纳米尺度上尝试实现麦克斯韦妖（Maxwell's demon）。这个机器能分离慢速运动和快速运动的粒子，但需要一个电源来支持。

时，能量从一个有组织的（低熵）状态转化成一个无组织的（高熵）状态。宇宙的总熵随每一次燃料燃烧而增加。克劳修斯将热力学第一定律和第二定律总结为宇宙的总能量保持不变但宇宙的总熵趋向极大。如果将这种情况推向极端，宇宙的结局就会是一大锅离散的原子。这种态势叫"宇宙热寂"（heat-death of the universe），最早由克劳修斯提出[1]。

1912年，热力学第三定律姗姗来迟。它来自德国物理学家兼化学家瓦尔特·能斯特（Walther Nernst, 1864—1941），说的是没有系统能到达绝对零度[2]，在这个温度下原子运动几乎停止而熵趋于极小或零。

绝对零度

热力学第三定律需要一个不能再降的最低温度概念——这叫"绝对零度"（absolute zero）。1665年，罗伯特·玻义耳首次探讨了可能的最低温度概念，他在《关于冷的新实验和观察》（*New Experiments and Observations Touching Cold*）中提到了"冷的起始"（primum frigidum）这一观念。那个时代的许多科学家相信存在"某种物体本性极冷，其余所有物体靠它的参与获得那种性质"。

法国物理学家纪尧姆·阿蒙顿（Guillaume Amontons, 1663—1705）是第一个在实践上解决这个难题的人。1702年，他构造了一个空气温度计，宣称在空气没有影响测量的"弹跳"（spring）时，温度就是"绝对零度"。按他的温标，绝对零度约为-240℃。瑞士数学家兼物理学家约翰·海因里希·朗伯（Johann Heinrich Lambert, 1728—1777）于1777年提出一个绝对温标，将数值修改为-270℃——接近当前公认的数据。

伽利略温度计（Galileo thermometer）取决于压强随温度的变化。在绝对零度，因为原子不再运动，也就不再施加压强

---

[1] 前提是把宇宙整体当作一个孤立系统，即一个与外界既没有物质交换又没有能量交换的系统，经历理想的可逆过程则熵不变，经历自发的不可逆过程则熵增加。
[2] 通过有限步骤。

回旋镖星云

有多冷？

纵然在外太空也非绝对零度。外太空中的环境温度是2.7开尔文，这是因为宇宙微波背景辐射——宇宙大爆炸的余热——遍布整个空间（见第205页）。已知最冷的区域在回旋镖星云（Boomerang Nebula），这团黑暗的气体云刚过1开尔文。人工实现的最低温度是0.5纳开尔文，这是2003年在麻省理工学院的实验室里短暂获得的。

然而，这个近乎正确的数据并未被普遍接受。1780年，皮埃尔-西蒙·拉普拉斯（见第77页）和安托万·拉瓦锡（见第28页）提出，绝对零度可能在水的凝固点以下1500～3000℃，至少一定要在冰点以下600℃。约翰·道尔顿（见第29页）给出的数据是-3000℃。约瑟夫·盖-吕萨克（见第95页）在探究气体的体积与温度如何关联之后更进一步。他发现，如果压强保持恒定，温度在摄氏零度以上每升高1℃，气体的体积增长1/273。[1]

据此，他可以将绝对零度的数据反推到-273℃——离正确数据更近了。

在焦耳揭示热是机械运动之后，这个难题转到另一个方向。1848年，威廉·汤姆逊（后来的开尔文勋爵）设计了一个温标，它仅基于热力学定律，无关乎任一具体材质的属性（不同于华氏和摄氏温标）。开尔文为绝对零度确立了至今仍被接受的数值，-273.15℃——非常接近根据空气温度计和盖-吕萨克理论导出的值。开氏温标（Kelvin scale）基于摄氏温标（Celsius scale），但始于-273.15℃而非0℃。虽然开尔文位高权重，曾受封爵士[2]并就任王家学会会长，但他并不是一位无所不通的科学家，他既反对达尔文的进化论又拒斥原子的存在。

---

① 即理想气体的盖-吕萨克定律。
② 后晋封男爵（baron），尊称开尔文勋爵（Lord Kelvin）。

热与光

数千年来，人类都清楚阳光既提供光又提供热，但二者之间的关联直至近世才得到解释。已知注意到这种关联的第一人是意大利学者吉安巴蒂斯塔·德拉·波尔塔（Giambattista della Porta，约1535—1615），他在1606年记录下了光的热效应。博学的波尔塔既是一位剧作家也是一位科学家，他出版

自1883年起，猞猁学院进驻罗马的柯西尼宫（ Palazzo Corsini ）

的著作涵盖农学、化学、物理和数学诸领域。他的《自然魔法》（*Magiae naturalis*，1558）在1603年催生了意大利科学院的雏形——猞猁学院（见第6页）。（《自然魔法》的扉页插图画了一只猞猁，书的序言将科学家形容为"具有猞猁那样的慧眼之人，检视那些显现自身的东西，以便观察之，积极地运用之"。）

当埃米丽·杜·夏特莱注意到光的致热能力随其色彩变化，她就找出了热与光的关联。虽然这预示了电磁波谱及红外辐射的发现，但在当时并未得到进一步的发展。1901年，马克斯·普朗克在研究黑体辐射（black-body radiation）时得到了一个将光和热关联起来的重大发现，但这是一个意外的突破，是虚晃一枪的结果。不过，这个虚晃一枪将会构成量子力学的基础。

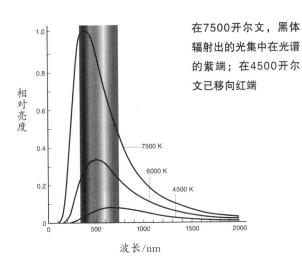

在7500开尔文，黑体辐射出的光集中在光谱的紫端；在4500开尔文已移向红端

相对亮度

波长/nm

> ［黑体问题的量子解］是无可奈何之举，因为还得不惜一切代价为之找到一种理论诠释，不管（代价）有多高。
>
> ——马克斯·普朗克，1901

黑体辐射与能量量子

多种材料在加热时会发光，其发射的光会由红而黄再到白。温度升高，发射光的波长会逐渐变短，移向光谱的蓝端。随着蓝光加入到黄光和红光中，受热物体发出的光会变得更白进而更蓝。显示这种热和色光分布的图像叫作黑体曲线（black-body curve）。理想的"黑体"会吸收落到它那儿的所有辐射。带有一个小孔的石墨盒子是理想黑体的一个良好近似（这个小孔充当黑体的角色）[①]。当黑体被加热时，它会发光，在不同温度下辐射不同波长的光。辐射光的色彩完全取决于温度，与构成该物体的材料无光。

普朗克试图算出一个黑体在不同波段的准确发光量，这个黑体由一个带小孔的黑盒子构成。尽管他几乎可以让自己的方程给出一个正确的结果，但他不得不做出一个古怪的假设来完善它。这个假设是，光并非像期望的波那样源源不断地从盒子中出来，它不得不被切割成不连续的小波块或小波包——量子（quanta）。

根据炽热熔岩发出的光，能用光谱学来计算火山爆发的熔岩流温度

普朗克实际上无意将这种能量量子纳入物理领域。他反而将之视为一个取巧的数学把戏[②]，在将来的某一刻，会有一个新的发现或计算取而代之。奈何天不遂人愿。

---

① 德国物理学家将"黑体"称为"空腔"（hohlraum）。
② 这个"数学把戏"来自玻尔兹曼于 1877 年提出的统计物理方法。在为热力学熵建立微观解释的过程中，玻尔兹曼假设原子的动能只能取某个能量单元的整数倍。

马克斯·普朗克（Max Planck, 1858—1947）

马克斯·普朗克经历了漫长而充满悲剧的一生。他生于霍尔施泰因公国的基尔（今属德国），最初立志当一名音乐家。当他向另一位音乐家询问自己应该学什么时，那人告诉他，如果连这都要问，就别指望当音乐家。他随后将注意力转向物理学，不料他的物理学教授告诉他物理学已没什么可发现的了。幸运的是，普朗克坚持了下来，而他对量子的系统阐述为20世纪物理学的许多分支奠定了基础。

马克斯·普朗克

普朗克的发妻死于1909年，死因可能是肺结核。第一次世界大战期间，他的一个儿子在西线阵亡，而另一个儿子埃尔文（Erwin）又被法军俘虏。普朗克的女儿格蕾特（Grete）在1917年死于难产，而格蕾特的孪生姐妹埃玛（Emma）在1919年同样死于难产（在嫁给格蕾特的丈夫之后）。1944年，盟军的一次空袭彻底摧毁了普朗克在柏林的房子，他的科学论文和信件无一幸免。压垮骆驼的最后一根稻草出现在1945年，彼时埃尔文因参与密谋刺杀希特勒遭到纳粹处决。在埃尔文被处决后，普朗克失去了活下去的意志，在1947年与世长辞。

能量的其他形式

当光和热在接受检视时，某些新的能量形式也引起了科学界的注意。被利用多年的各种能量直到19世纪才被定名。法国科学家古斯塔夫–加斯帕·德·科里奥利（Gustave-Gaspard de Coriolis, 1792—1843）在1829年描述了动能，苏格兰物理学家威廉·兰金（William Rankine, 1820—1872）在1853年创造了"势能"（potential energy）这个术语。最先被确认的新能源是电。虽然每个人都熟悉天上的闪电，但没人意识到它也是一种电现象[1]。

---

[1] 中文的"电"古时专指随雷霆霹雳（声现象）而来的光现象（即英文中的 lightning），而英文中的 electricity 等相关词汇源自希腊文中的 ἤλεκτρον 和拉丁文中的 electrum，本意为琥珀，原是琥珀经摩擦后可以吸附轻小物体的静电现象，现泛指各种电现象。

第一台TENS仪?

古埃及人可能曾将电鲇用于医疗，而古罗马人肯定发现了黑电鳐可用于缓解疼痛。当黑电鳐（Torpedo torpedo）产生电荷，它就能被当作一台TENS（transcutaneous electrical nerve stimulation, 经皮电神经刺激）止痛治疗仪来使用。古罗马人用这种鱼来缓解痛风、头痛、外科手术和分娩的疼痛。这种鱼不会在治疗后存活（可能是因为它离开了水）。试图模拟电鱼效应的高峰出现在1776年，彼时亨利·卡文迪许（Henry Cavendish）做出了皮制电鳐。研究这种鱼后，他先做了一个木制仿品，却发现它导电不良。他的第二条假鱼由厚羊皮构成，两边各有薄锡镴片来模拟放电器官。他将锡镴片与莱顿瓶连通，再把皮制鱼浸入盐水。他把手伸进鱼附近的水里，感觉到的电击类似于感受过一条真电鳐的人描述过的那样。

电的发现

最早被发现的是静电。早在古代，人们就觉察到摩擦琥珀或煤精会产生一种力，这种力可以让该材料吸引绒毛和材料碎屑，但这种吸引的本质没有得到理解。英格兰自然哲学家托马斯·布朗（Thomas Browne, 1605—1682）爵士将"带电"（electric）定义为"一种吸引稻草等轻物体并让随意放置的针头转向的能力"。1663年，德国科学家奥托·冯·格里克制造了第一台静电发生器（electrostatic generator）。格里克已然通过气压实验揭示了真空的可能性（见第24页）。他的静电发生器或者叫

奥托·冯·格里克的起电机利用的是静电

"摩擦起电机"（friction machine）用的是一个可凭手动旋转摩擦来产生电荷的硫黄球。伊萨克·牛顿提出用一个玻璃球替换硫黄球，后来的设计又用了其他材料。1746年，一台用大轮子转动几个玻璃球的摩擦起电机以悬挂在丝线上的一把

剑和一杆枪管作导体，另一台用一张皮革垫代替人手，而1785年制造的一台有两个包覆野兔毛皮的圆筒，二者可以相互摩擦。

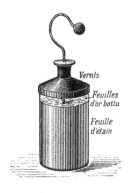

莱顿瓶

18世纪，电学实验变得更普遍了，静电发生器在大众科学讲座上成了热门演示。有两个人，一位是荷兰数学教师皮埃特·范·穆森布罗克（Pieter van Musschenbroek, 1692—1761），另一位是德国牧师埃瓦尔德·乔治·冯·克莱斯特（Ewald Georg von Kleist, 1700—1748），于1744年左右各自独立地发明了莱顿瓶（Leyden jar）。向一个瓶子注入不满瓶的水，用一根金属杆或金属丝穿过软木塞，这就构成了一个简易的储电装置。一种更有效的设计是在瓶外包覆金属箔。

当克莱斯特第一次触碰他的瓶子时，一阵强烈的电击将他打翻在地。莱顿瓶成了一个有用的电学实验工具，它是现代电容器的起源。本杰明·富兰克林（Benjamin Franklin, 1706—1790）研究了莱顿瓶，他发现电荷是存储在玻璃上，而非先前以为的存储在水里。

雷雨天里的风筝

曾协助起草《美国独立宣言》（*American Declaration of Independence*）的科学家本杰明·富兰克林在1752年首次论证了闪电的本质就是电。在一次著名的实验中，他检验了自己的理论，办法是把一根金属棒固定在一个风筝上再将一把钥匙系在风筝绳的另一端。他在一个雷雨天放飞这只风筝，让钥匙悬在一个莱

本杰明·富兰克林做闪电实验来探究电现象

> 1752年9月，我竖起一根铁棒把闪电引进我的房子，为的是用它做一些实验，我用两个铃来提示这根铁棒带上了电。这对每一个研究电学的人来说不过是个寻常的发明。
>
> 我发现，有时铃响的时候没有闪电或雷声，只有一团乌云在铁棒之上；有时一道闪电后，铃声突然停止；还有些时候，原本没响的铃会在一道闪电后突然想起来；电有时很微弱，以至于有一股小火花出现时，另一股不会在随后的某个时刻出现；也有时候，另一股火花又会紧随其后，我一度得到了两个铃之间的连续火花流，大小如乌鸦的羽翮。即便是在同一阵风暴中，仍有相当大的差异。
>
> ——本杰明·富兰克林，1753

顿瓶上。即便没有闪电，雷雨云中也有足够的电荷让湿风筝线将电传导到钥匙上从而引起跃入莱顿瓶的火花。富兰克林提出电荷或正或负。他发明了避雷针（lightning rod）将一次雷击的电荷通过一根金属导管安全输送到地面，还发明了闪电铃（lightning bell）。

时髦的电学

随着科学的娱乐化，电学实验流行了起来，有时要有不怎么情愿的倒霉志愿者参与。系统实施电学实验的第一人是英格兰的染工兼业余科学家斯蒂芬·格雷（Stephen Gray, 1666—1736）。格雷的"乞讨男孩"（charity boy）是个可怜的小家伙，悬挂在绝缘线上还拿着一根带电玻璃棒，当这个小家伙吸引金属薄片的微小颗粒，有火花从他的鼻子跳出。除了娱乐性（至少娱乐了观众），格雷在1729年做的实验还证实了电导性——电可以从一个材料传递到另一个，包括经由水。在一个类似的实验中，电荷沿着一排手拉手的老头儿传递过去。在巴黎工作的化学家夏尔·杜·费伊（Charles du Fay, 1698—1739）进一步发展了格雷的工作，他在1733年推断，任何有生命或无生命的物体都含有一些电。他论证了电有两种形式——负电即他所谓的"树脂电"（resinous），正电即他所谓的"玻璃电"（vitreous）。1786年，意大利医生路易吉·伽伐尼（Luigi Galvani, 1737—1798）做实验让电流通过死青蛙，引起蛙腿痉挛抽动。这导致他推断青蛙的神经传递了一种使蛙腿肌肉起反应的电脉冲。

向电要效益

在电发挥良好作用之前，有必要
找到一种在需要时释放或生成它的方
法。第一个放电元件，电池的前身，
来自意大利物理学家亚历山德罗·伏打
（Alessandro Volta, 1745—1827），电势
的度量单位伏特（Volt）因他而得名。
他的"电堆"（electric pile）制作于1800
年，由一堆锌盘、铜盘和浸泡过盐溶液
的纸片构成。他不知道电堆产生电流

乔治·欧姆，如今电阻
的单位因他而得名

的原因，但这无关紧要，因为它显然是有效的。离子携带电
荷的机制最终是瑞典科学家斯万特·奥古斯特·阿伦尼乌斯
（Svante August Arrhenius, 1859—1927）在1884年描述的。德国物理学家乔
治·欧姆（Georg Ohm, 1789—1854）将一种伏特型电池用于自己的电学研
究，这导致他系统阐述了以他名字命名的定律，该定律发表于1827年。欧
姆定律（Ohm's law）说的是，当电流过一个导体：

一块具有天然磁性的磁
石会吸引钢铁之类的磁
性金属

$$I = V / R$$

其中，I是以安培为单位的电流，V是以伏特为单位的电势
差，而R是以欧姆为单位的电阻。不管电
压如何，材料的电阻会保持恒定，所以电
压的变化直接影响电流[1]。

只欠东风：磁

若不把磁现象引入图景，我们就不
能更深入地研究电现象。古人已注意到，
某些材料具有吸引铁类物质或指示南北方
向的能力，但他们无法解释，视之近乎
魔法。

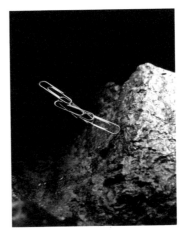

---

[1] 作为电阻的定义式，$I = V / R$ 或 $R = V / I$ 适用于所有导电元件，不管是否遵守欧
姆定律，但欧姆定律仅限于线性伏安关系(V–I关系，即电压或电势差与电流的关系)的情境。

据亚里士多德记载，泰勒斯（见第3页）在公元前6世纪给出了对磁性的描述。公元前800年左右，印度的外科医生兼作家苏希鲁塔（Sushruta）描述了将磁体用于移除体内的金属碎片。另一个对磁性的早期记述见于公元前3世纪的中国古籍《吕氏春秋》，上有"慈[①]石召铁，或引之也"。磁石是金属磁铁矿的天然磁化团块。具有恰当晶型结构的磁铁矿团块可被闪电磁化。

用地磁场来辅助导航的罗盘

公元前1世纪，中国的占卜者开始使用带杖盘的磁石。早在公元270年，磁石可能就已被用于罗盘，但罗盘用于航海的最早确证见于1117年朱彧的《萍洲可谈》，上有"舟师识地理，夜则观星，昼则观日，阴晦则观指南针"。欧洲的航海罗盘可能是独立发展出来的。中式罗盘有24个基本分区，而欧式罗盘总是有16个分区。此外，在欧洲有罗盘使用的首次记载之后，中东地区才出现了罗盘，这暗示罗盘没有经中东从中国传到欧洲。最后，中式罗盘通常被设计成指示南方，而欧式罗盘总是指示北方。

威廉·吉尔伯特《论磁》中描绘的一个打制磁铁的铁匠

对磁现象最早的科学研究来自英格兰人威廉·吉尔伯特（William Gilbert, 1544—1603），他是伊丽莎白一世（Elizabeth Ⅰ）宫廷里的一位科学家。吉尔伯特创造了拉丁文

术语electricus，意为"琥珀的"。1600年，他出版了自己的著作《论磁》（De magnete），在其中描述了他为发现磁与电的本质所做的许多实验。这本书为罗盘指针指示南北的神秘能力给出了第一个合理的解释，揭示了地球本身具有磁性的惊

---

① "慈"通"磁"。

场与力

　　场是力跨距离传递作用的方式。磁场即磁力作用的区域。它通常被描绘成从磁体北极到磁体南极的放射线簇[①]。电磁力或引力的强度随到场源距离的平方减小——所以到场源距离翻倍，力的强度只有原来的四分之一。与力相关的反比平方律是牛顿最先在引力的作用中注意到的。

人真相。吉尔伯特设法驳斥了水手间流传的禁忌，有大蒜会使罗盘失效（不允许舵手在船载罗盘附近吃大蒜），还有北极附近的一座巨大磁山会把靠它太近的船的铁钉全部吸走。

　　在穆罕默德铁棺的传说故事里，磁性的潜力得到了承认，据说它悬浮在半空靠的是将之置于两块磁体之间。（当然，如果这个景象是真的，只需要在墓的上方放置一块磁体，因为重力会提供向下的平衡力。）

一个磁体周围的罗盘磁针阵列可展示磁场

法拉第演示电磁旋转的设备

电磁相互作用
——电与磁的联姻

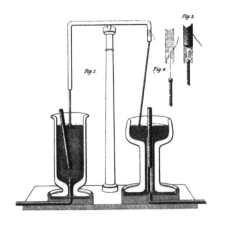

　　电的实际应用始于19世纪初。1820年，丹麦物理学家兼科学家汉斯·克里斯蒂安·奥斯特（Hans Christian Ørsted, 1777—1851）注意到电流可以让罗盘的磁针偏转。

[①] 在磁体外部。

> 这是首次发现这样一个事实，即伽伐尼电流（galvanic current）可以被传输到很远的地方而其力量减损如此之小以至还可产生力学效应，同时这也是首次发现完成这种传输的方法。我认为电报通信现在是可行的……我心里还没有电报的任何具体形式，仅提出这样一个业已证实的一般事实，即伽伐尼电流可以被传输到很远的地方仍然具有足够的能力对目标物体产生足够的力学效应。
>
> ——约瑟夫·亨利

这是电与磁相关联的第一个迹象。就在一周后，安德烈–马里埃·安培给出了一个详细得多的描述。他向法国科学院演示，当平行导线载流时，两根导线要么相互吸引要么相互排斥，这取决于流过二者的电流是同向的还是反向的，这就为电动力学奠定了基础。次年，迈克尔·法拉第又做了个实验，他将一块磁体置于一盘水银里，又在该磁体的上方悬挂一根导线，导线刚好浸入水银。法拉第发现，当他给导线通电流时，导线会绕磁体旋转。他把这个装置称为"电磁旋转"（electromagnetic rotations），这构成了电动机的基础。事实上，一个变化的磁场会激发一个电场，反之亦然。

法拉第无暇迅速跟进自己的电磁学研究，这要留待美国科学家约瑟夫·亨利（Joseph Henry, 1797—1878），后者在1825年开发出了第一个强电磁体。亨利发现，给一个磁体缠上绝缘导线再通入电流，他就可以大大提高磁体的能力。他制作的电磁体可以提升约1600千克的重物。亨利还更进一步奠定了电报的基础。他布设了一条1.7千米长的细导线横穿奥尔巴尼学院（Albany Academy），然后给导线通电，成功给导线另一端的电铃供上了电。虽然进一步开发出电报的是萨缪尔·莫尔斯（Samuel Morse, 1791—1872），但亨利已然证实这个构想是合理的。

约瑟夫·亨利

在电学领域若有一个名字卓然超群，那或许就是迈克尔·法拉第。虽然，在首次实验后的19世纪20年代，他无暇跟进电磁学研究，但当他在1831年回归这个课题就发现了电感应的原理。法拉第在一个

迈克尔·法拉第（Michael Faraday, 1791—1867）

　　法拉第出生于伦敦的一个贫寒之家，14岁辍学到书店做装订工学徒，他通过阅读自己经手的科学书籍来自学。1812年，在王家研究院（Royal Institution）聆听汉弗莱·戴维（见第93页）做的四场讲座后，法拉第给戴维写信寻求一份工作。戴维最初拒绝了他的请求，但转年便雇他作自己在王家研究院的化学实验助手。起初，法拉第只是协助其他科学家，但后来他开始做自己的实验，包括那些电学实验。1826年，他开启了王家研究院的圣诞讲座（Christmas Lectures）和星期五夜谈（Friday Evening Discourses）——二者皆延续至今。法拉第亲自做了多场讲座，被公认为那个时代首屈一指的科学演讲者。他在1831年发现了电磁感应，为电学的实践运用奠定了基础，之前这只被当成是一个有趣却无甚用处的现象。

迈克尔·法拉第在王家研究院实验室

　　为了表彰他的成就，法拉第两次被提名为王家学会会长（也拒绝了两次），又曾被拟授爵士头衔（他还是拒绝了）。他逝世于汉普顿宫（Hampton Court Palace）的家中，那是维多利亚女王（Queen Victoria）的丈夫阿尔伯特亲王（Prince Albert）赠给他的礼物。

法拉第电磁感应定律

1.当导体周围的磁场变化时，导体中会感应出电磁场。

2.感应电磁场的强度与原磁场变化速率成比例。

3.感应电磁场的意义[1]取决于原磁场变化速度的方向。

变磁为电！

　　　　——迈克尔·法拉第在1822年所列的待研究项目，完成于1831年

---

① 是增强还是削弱原磁场，原磁场增强则削弱之，原磁场削弱则增强之。

要有光

1881年，第一个公用供电系统出现在英格兰萨里郡的戈德尔明，那儿的路灯照明实现了电气化。韦依河上的一座水车驱动一台西门子交流发电机（Siemens alternator），为城镇的弧光灯、几家商铺及其他房舍供电。

法拉第揭示两个导线圈间电磁感应的仪器。右边的液体电池提供电流，手持小线圈使之在大线圈中进进出出，由此在大线圈中感应出电流，左边的检流计指示电流

铁环两边分别缠上导线圈，然后给一根导线通电流。这使铁环磁化，在另一线圈中短暂感应出电流，这就制成了一台变压器。6个星期后，他发明了发电机，其中有一块永磁体在导线圈中来回移动，在导线中感应出电流。法拉第感应定律（Faraday's law of induction）说的是，随时间变化的磁通量激发出与变化速率成比例的电动势。一切发电方式皆基于这个原理。法拉第还引入了术语"电极"（electrode）、"阳极"（anode）、"阴极"（cathode）和"离子"（ion），推测是分子的一部分参与阴阳两极之间的电荷移动。离子溶液及其电导性的真实本质最终是阿伦尼乌斯解释的（见第105页），他因此获得1903年的诺贝尔化学奖。

一个崭新电磁时代的黎明

在奥斯特和法拉第实践工作的基础上，詹姆斯·克拉克·麦克斯韦引入数学来处理电与磁的关联。其结果是发表于1873年的4个惊天动地的方程[1]，这论证了电磁相互作用是同一种力。爱因斯坦将麦克斯韦方程组（Maxwell's equations）视为牛顿系统阐述引力定律以来最伟大的物理学发现。电磁相互作用如今被确认为维持宇宙秩序的四大基本力之一——其余

[1] 1873年出版的《电磁通论》（*A Treatise on Electricity and Magnetism*）基于1865年发表的论文《电磁场的动力学理论》（A Dynamical Theory of the Electromagnetic Field），其中给出的麦克斯韦方程组由8组20个标量方程构成，现代形式的4个方程由海因里希·赫兹、小约书亚·吉布斯（Josiah Gibbs, 1839—1903）、奥利弗·亥维赛（Oliver Heaviside, 1850—1925）等人给出。

麦克斯韦方程组

$$\oint E \cdot dA = \frac{q_{enc}}{\varepsilon_0}$$

$$\nabla \cdot E = \rho/\varepsilon_0$$

麦克斯韦的第一个方程是高斯定律（Gauss's law），描述的是电场的形态和强度，揭示了电场按与引力同样的反比平方律随距离衰减。

$$\oint B \cdot dA = 0$$

$$\nabla \cdot B = 0$$

第三个方程描述了变化的磁场如何激发涡旋电场，也就是所谓的法拉第电磁感应定律。

$$\oint E \cdot ds = -\frac{d\Phi_B}{dt}$$

$$\nabla \times E = -\frac{\partial B}{\partial t}$$

第二个方程描述了磁场的形态和强度：从磁体北极到南极[1]的磁力线总是闭合的（一个磁体一定有两个磁极）。

$$\oint B \cdot ds = \alpha_0 \varepsilon_0 \frac{d\Phi_E}{dt} + \alpha_0 i_{enc}$$

$$\nabla \times B = \alpha_0 \varepsilon_0 \frac{\partial E}{\partial t} + \alpha_0 j_c$$

第四个方程描述了变化的电场如何通过位移电流激发磁场（包括传导电流或运流电流激发的磁场）。

三种是引力、作用于原子内的强核力以及作用于原子间的弱核力。在最小的尺度上，电磁力将离子结合成分子[2]，还提供了原子内的电子与原子核之间的吸引作用。

麦克斯韦解释了电场和磁场何以源出同样的电磁场。变化电场的垂直方向伴有同样在变化的磁场。他还发现，电磁场的波动在真空中的传播速度是3亿米每秒——光速。这是一个惊人的发现，并非每个人都乐见光是电磁波谱一部分这个推论。爱因斯坦将麦克斯韦的工作纳入自己的相对论，他说是电场还是磁场取决于观察者的参考系。在一个参考系看到的是磁场，在另一个参考系看到的是电场。

> 我们几乎无法逃避这个结论，组成光的是某种介质中的横向波动，这种介质同样也是电磁现象的原因。
>
> ——詹姆斯·克拉克·麦克斯韦，约1862

---

[1] 在磁体外部。
[2] 一般仅在热力学和统计物理的语境中（尤其是在分子运动论中）才不加区分地使用原子、分子、离子等微观离子概念。准确地讲，阴阳离子通过离子键结合成离子化合物，原子通过共价键结合成共价化合物（分子）或原子晶体。

> 这一点儿用处都没有……不过是验证了麦克斯韦大师是正确的——我们只有这些神秘的电磁波罢了，肉眼看不到它们。但它们就在那里。
>
> ——海因里希·赫兹谈论自己于1888年发现的无线电波

更多的波

虽然麦克斯韦预言了无线电波的存在，但观察到它们要到德国物理学家海因里希·鲁道夫·赫兹（Heinrich Rudolf Hertz, 1857—1894）于1888年在自己的实验室里产生波长为4米的电磁波。赫兹没有认识到无线电波的重大意义，当被问及他的发现会产生何种影响，他说"我估计根本不会有"。除了产生无线电波，赫兹还发现它们可以从一些材料中穿过，又可以被另一些材料反弹——这种性质后来导致了雷达的开发。无线电波的发现使麦克斯韦对电磁辐射的解释势不可挡。随后的几年里，微波、X射线、红外线、紫外线和伽马射线相继被发现，电磁波谱日趋完备。

下一个被发现的能量形式是X射线。虽然，德国物理学家威廉·康拉德·伦琴（Wilhelm Conrad Röntgen, 1845—1923）在1895年命名并描述了X射线而该发现通常也归功于他，但事实上他不是第一个观察到这种射线的人。首次探测到X射线是在1875年左右，发现人是伦琴的同胞、物理学家

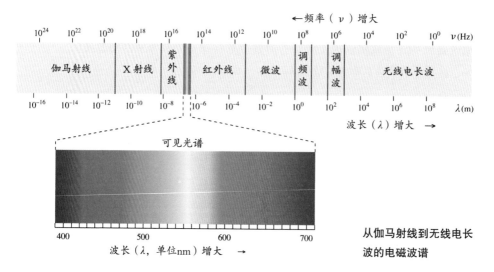

从伽马射线到无线电长波的电磁波谱

约翰·威廉·希托夫（Johann Wilhelm Hittorf, 1824—1914）。希托夫是克鲁克斯管（Crookes tube）的发明人之一，这种实验装置被用于研究阴极射线（cathode ray）。它的内部是真空，电子流在阴极和阳极之间流动，它是阴极射线管的前身，后者在现代等离子屏出现之前被用于电视机上。希托夫把感光底版遗留在克鲁克斯管附近，后来发现有一些上面有阴影的痕迹，但他没有探究其中的原因。在伦琴为他妻子的手拍出那张著名的X光片并解释这个现象之前，其他科学家也错过了X射线。伦琴去世后，他的实验室笔记被付之一炬，所以不可能确切知道发生了什么，但他似乎用涂有氰亚铂酸钡的屏和黑色纸板包覆的克鲁克斯管研究过阴极射线。他在屏上识别出了微弱的绿光，意识到有某种射线从克鲁克斯管里出来穿过了纸板从而使屏感光。他研究了这种射线，在两个月后公布了他的发现。

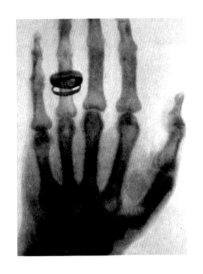

伦琴夫人手掌的X光片，这是史上第一张X光照片，手上的婚戒清晰可见

放射性

1896年，法国物理学家昂利·贝克勒尔（Henri Becquerel, 1852—1908）听说X射线来自克鲁克斯管壁上的亮斑，他怀疑磷光物体也会放出X射线。贝克勒尔是法国自然博物馆的物理教授，故而有机会接触馆藏的大量磷光材料。他发现，如果让这些材料吸收一段时间来自阳光的能量，它们就会在黑暗中发光，直到能量耗尽。随后他又发现，如果给感光底版包覆不透光的黑纸再将之置于一盘已被太阳"充能"的磷光盐上，底版上会出现亮区。他在底版和盘子之间放一块金属，就在感光底版上生成了这块金属的阴影像，正如伦琴拍的X光片。在后来的一个实验中，他准备了自己的装置，计划将之留在太阳底下。虽然巴黎好几天没有放晴，贝克勒尔还是决定冲洗底片，原以为什么都不会有。令他惊讶的是，他发现了一个影像——他使用的铀盐似乎在未暴露于太阳底下的情况下放出了X射线，能量无中生有，显然违背了能量守恒定律。他进一步研究发现这种辐射不同于X

射线，它可以被磁场偏转，故而肯定含有带电粒子。他没有在这个课题上深入下去，却为波兰裔实验物理学家玛丽·居里的研究扫清了障碍。

　　玛丽·居里（Marie Curie, 1867—1934）在做"铀射线"（uranium rays）方面的博士论文课题时发现了产出铀的沥青铀矿比铀元素本身具有更强的放射性。这表明沥青铀矿中还有放射性更强的其他元素。她与丈夫皮埃尔·居里（Pierre Curie, 1859—1906）提炼出两种这样的元素——钋和镭。在1898年发现镭的四年之后，他们从数吨沥青铀矿中提炼出了0.1克镭。皮埃尔发现1克镭可以在一小时内将 $1\frac{1}{3}$ 克水从凝固点加热到沸点——还可以一次又一次持续加热。这是一个惊人的发现，能量看似凭空冒出来了。

　　居里夫妇不明白具有放射性的能量形式究竟为何物。这个发现要留待新西兰裔英国化学家兼物理学家欧内斯特·卢瑟福（Ernest Rutherford, 1871—1937），他供职于剑桥大学的卡文迪许实验室（Cavendish laboratory）。卢瑟福是第一个从外校录取到剑桥的研究生，他没有在剑桥

玛丽·居里（玛妮娅·斯克罗多夫斯卡娅，Manya Sklodowska，1867—1934）

　　玛妮娅·斯克罗多夫斯卡娅生于俄属波兰的华沙，她在祖国没有机会接受大学教育，所以前往巴黎入读索邦大学（Sorbonne）。她在那儿结识并嫁给了已在研究磁性材料的皮埃尔·居里。怀孕使她延迟获得博士学位，她研究的课题是"铀射线"。她不得不在一个透风的棚子里工作，因为学者们害怕一个女人出现在实验室会吹皱一池春水以致男人们无心工作。1898年，她开始研究从沥青铀矿中分离出未知放射性元素。她的丈夫皮埃尔停下自己的研究来帮助她。二人发现了两种放射性

元素，钋（polonium，得名于波兰）和镭（radium）。1903年，居里夫妇与昂利·贝克勒尔分享了诺贝尔物理学奖。仅仅三年之后，皮埃尔在巴黎街头死于车祸，他滑倒后被经过的一辆马车的车轮压碎了颅骨。他可能受阵发性眩晕折磨，这是辐射病的症状。居里夫人笔记本上残留的放射量使之即便到今天还得存放在一个衬铅的保险箱里。她是唯一荣获两次诺贝尔奖的女性（第二次是在1911年获化学奖，还是因为她对放射性的研究）。

居里夫人

大学获得过学士学位。在伦琴发现X射线
的两个月前，他拿到了新西兰的奖学金，
但只是阴差阳错得到资助。他是这个奖学
金的两位申请人之一，还没被选中，但中
选的那位后来退出了。卢瑟福开始研究
的是无线电波，可能在马可尼（Guglielmo
Marconi, 1874—1937）之前就实现了远程
通信，但由于对无线电的商业潜力不感兴
趣，他并没有用自己的发现来谋利。

欧内斯特·卢瑟福

当卢瑟福将注意力转向放射性时，他
发现昂利·贝克勒尔发现的能量形式由两种不同类型的辐射
构成：能被一张纸或几厘米空气间隔阻挡的 α 辐射以及能渗
入物质更深的 β 辐射。1908年，卢瑟福揭示了 α 辐射是一束 α 粒子流：一
堆被剥光电子的氦原子。而构成 β 辐射的是快速移动的电子——就像阴极
射线，但能量更高。1900年，卢瑟福发现了第三种类型的辐射，他称之为
γ 辐射（伽马辐射）。就像X射线，伽马射线是电磁波谱的一部分。它们是
高能电磁波，波长甚至比X射线还短。卢瑟福的工作将他带入原子内部，那
是我们下一个目的地。

要有原子

19世纪末的热力学研究终结了热质模型并导致奥地利的路德维希·爱
德华·玻尔兹曼和苏格兰的詹姆斯·克拉克·麦克斯韦这样的物理学家相
信热是对粒子运动速度的度量（见第96页），不过他们还不确定所涉粒子
的本质。只有清楚热与电的传递取决于原子化的物质模型，二者才可以被
充分理解。对导体中传递的电，电子必须在原子间穿行；对从一处传导或
对流到另一处的热，肯定有粒子在运动[1]。在19世纪与20世纪之交，接受原
子化的物质模型打开了探入原子内部的大门，又转而导致更深入地理解能
量的作用和传输方式。

---

① 宏观的电流要有大量带电粒子（电子、阴阳离子等）的定向运动，而宏观的热现象本
质是微观粒子永恒的无规则运动，传导式的热传递不伴有粒子的定向运动，对流式的热传
递则伴有流体中粒子的定向运动，而辐射式（电磁波式）的热传递不涉及实物粒子。

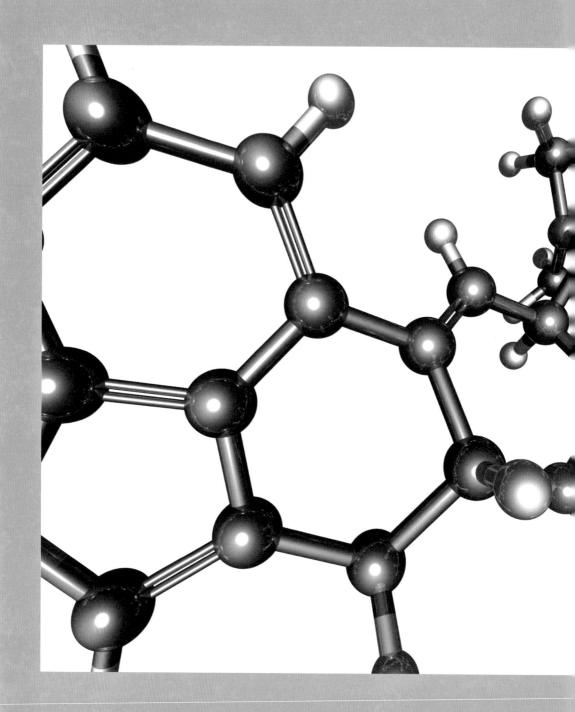

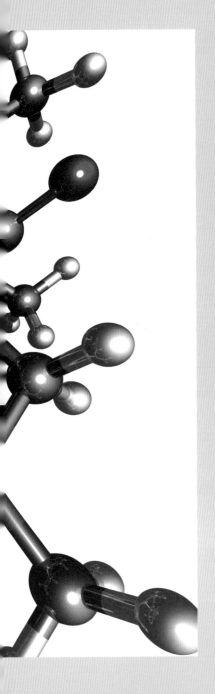

第5章
深入原子内

  以原子为构筑物质之基石的信念具有悠久的历史。公元前7世纪的一些古印度思想家相信一切物质都要由原子构成，他们视之为一种能量形式。在欧洲，诸如恩培多克勒和阿那克萨哥拉这样的前原子论者也构想过看不见的微小物质粒子。这些早期的哲学家兼科学家仅仅通过演绎思维来论证自己的观点。虽然原子论在数个世纪里都不受待见，但这个模型最终会得到实验法和观察法的支持从而占据上风。然而，早期原子论者并非完全正确。他们相信原子是最小且不可分割的物质粒子，这种信念被证实是不恰当的，因为原子是亚原子粒子构成的。当科学家探入原子内部，会证实那是一片奇异莫测之地。

物质原子结构的发现为物理学家
打开了一个通向全新世界的大门

> 假设一种比原子还细分的物质状态有点儿吓人。

> ——J. J. 汤姆逊

剖开原子

约翰·道尔顿在1803年表述了自己的原子理论，他说元素由同样的原子构成，这些原子按整数比结合成化合物（见第29、30页）。这一理论没有被普遍接受，直到一个多世纪后法国物理学家让·佩兰于1908年测量了水分子的大小（见第31、32页），尽管在这个时间节点之前就有许多科学家接受并运用了该理论。但是，甚至在这个理论被确认为事实之前，原子不可再分的前提就逐渐破灭了。

英国物理学家约瑟夫·约翰·汤姆逊（Joseph John Thomson, 1856—1940）在1897年研究阴极射线和克鲁克斯管期间发现了电子（electron）。汤姆逊发现，阴极射线的传播比光慢得多，故而它并不如先前怀疑的那样是电磁波谱的一部分。他推断阴极射线实际上是一束电子流。电子是原子的一部分且可以摆脱原子束缚自由运动，这个概念推翻了先前原子不可分割的信念。1899年，汤姆逊测量了一个电子所带电荷并计算了电子的质量，他得出了令人震惊的结论，即电子质量大约是氢原子质量的两千分之一。

虽然汤姆逊因对电子的研究在1900年获得了诺贝尔奖，但这个工作的重要性并未立即显现。事实上，物理学家看不出电子的意义，甚至在剑桥大学卡文迪许实验室的年度晚宴上有这样的祝酒词，"为电子干杯：愿它对任何人都没啥用"。

葡萄干布丁与太阳系

J. J. 汤姆逊在1904年提出的原子模型被称为"葡萄干布丁模型"（plum pudding model），因为它像一个嵌有小葡萄干的板油布丁球。他将原子描述为一团点缀有电子的正电荷云。他重新启用了一个相当含混的术语，将电子称为"微粒"（corpuscle）。带正电的部分仍然相当模糊，而电子则被明确限定为嵌入其中的小葡萄干，可能沿固定的轨道运行。

> 封闭在一个均匀正电球里的许多负电微粒构成了元素的原子。
>
> ——J. J. 汤姆逊，1904

　　1909 年，葡萄干布丁模型被德国物理学家汉斯·盖革（Hans Geiger, 1882—1945）和新西兰人欧内斯特·马斯登（Ernest Marsden, 1889—1970）在曼彻斯特大学做的一个实验给推翻了，两人是在欧内斯特·卢瑟福的指导下完成这一工作的。他们做实验将一束 α 粒子流引向一片很薄的金箔，周围环绕有硫化锌屏。硫化锌被 α 粒子（氦原子核）击中时会发光。实验者期望看到 α 粒子以很小的偏转角穿过金箔，而它们穿过金箔后形成的花样会给出金原子内电荷分布的信息。结果出人意料——根本没多少粒子偏转，而偏转的少数粒子，其偏转角远大于 90°。卢瑟福预期这个实验会支持葡萄干布丁模型，他对这个结果完全没有准备。他可以得出的唯一结论是原子中的正电荷聚集于一个极小的中心，而非遍布整个原子。

J. J. 汤姆逊（J. J. Thomson, 1856—1940）

　　约瑟夫·约翰·汤姆逊是一位图书装订商的儿子。他穷到没法完成工程师的学徒期，于是靠奖学金转去剑桥大学三一学院学数学。他最终成为三一学院的院长，将卡文迪许实验室建设成世界上第一流的物理实验室，还因对电子的研究获得诺贝尔物理学奖。通过用阴极射线做实验，汤姆逊得以于 1897 年确认电子的粒子性，随后又在 1899 年测量电子质量和电荷。1912 年，他揭示了如何用放电管带孔阳极产生的正射线分离不同元素的原子。这一技术形成了质谱法（mass spectrometry）的基础，今天一般用于分析气体或其他材质的构成。汤姆逊是出了名的笨手笨脚。不仅他要依靠自己的研究助手来操作复杂的实验，助手们甚至试图将他赶出实验室以防他弄坏实验设备。但他颇受爱戴又有感召力：他的七名研究助手和他的儿子先后获得诺贝尔奖。汤姆逊于 1908 年受封爵士。

J. J. 汤姆逊

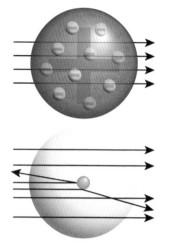

卢瑟福的任务是为原子结构琢磨出一个新模型来取代失败的"葡萄干布丁"。他给出的模型有一个微小而致密的原子核,周围是大量真空,点缀有沿轨道运行的电子。他不确定原子核是带正电荷还是带负电荷,但他算出金原子核的半径小于3.4×10^{-14}米(今天所知之数据大约是这个值的五分之一)。已知金原子的半径约为1.5×10^{-10}米,这使得金原子核的直径小于金原子直径的1/4000。

土星模型

1904年,日本物理学家长冈半太郎(Hantaro Nagaoka)提出了一个基于土星及土星环的原子模型。该模型给予原子一个大质量的原子核以及被电磁场束缚在轨道上运行的电子。他曾于1892年到1896年游学德国和奥地利,其间听过路德维希·玻尔兹曼(见第32页)讲授分子动理论(见第92、96页)和麦克斯韦有关土星环稳定性的工作(见第174页),之后便琢磨出了这个模型。长冈于1908年放弃了这个理论。

卢瑟福对原子的研究还没完成。他提出了一个结构,其中构成原子核的是带正电的粒子——他在1918年发现的质子(protons)——以及一些电子。他认为,其余电子绕原子核运转。

丹麦物理学家尼尔斯·玻尔(Niels Bohr, 1885—1962)于1913年改进了卢瑟福的模型,他的

上面的示意图表示卢瑟福金箔实验的预期结果,α粒子穿过了原子;下面的示意图表示出人意料的实际结果——一些粒子出现大角度偏转

土星环为长冈原子模型提供了一个范本

这差不多是我平生遇到的不可思议之事。其不可思议的程度犹如你将一枚15英寸的弹丸打到一张薄绵纸上而它却返回来击中了你。经过考虑，我意识到这种反向散射一定是单次碰撞的结果，当我做了计算后，我发现，除非你将原子的大部分质量集中到一个微小的核上，否则不可能得到如此数量级的结果。就在那时，我想到了原子有一个体积小而质量大的带电中心。

——欧内斯特·卢瑟福

办法能让电子维持在轨道上。他提出，电子并非遵循它们喜欢的任意路径在核外空间四处游荡，它们会被束缚在特定轨道上，在物理上无法连续放出辐射（如果按经典物理规律，它们就能做到）。玻尔相信这些轨道是环状且固定的，他给出了行星式的原子模型，电子如行星般绕核运行，而原子核相当于太阳。不过，与行星不同的是，电子可以在轨道间跃迁，根据它们是靠近还是远离原子核，每次释放或吸收一定量（量子）的能量。

在玻尔的原子模型中，电子一般坚守在既定壳层绕核运转

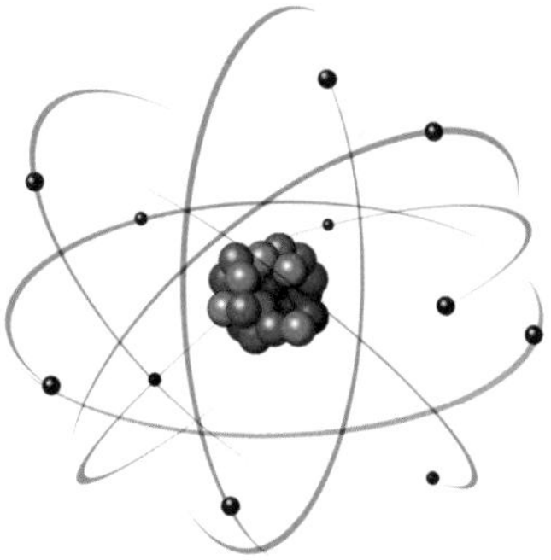

根据玻尔的模型，以存在于有限数目的轨道。级（energy level）。（ground state），

尼尔斯·玻尔
（摄于1935年）

氢原子为例，核外单个电子只能每条轨道代表一个特定的能最低的能级称为基态这是电子离原子核最近的位置。当氢原子吸收一个光子时，电子跃迁到半径更大的轨

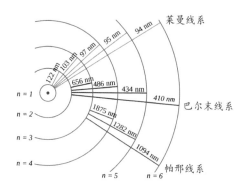

莱曼线系

巴尔末线系

帕邢线系

氢原子的电子壳层跃迁及其相关能量

道（更高的能级）。跃迁到哪个轨道或能级取决于光子包含的能量。当原子辐射出那个光子，电子又跃迁回原来的轨道（更低的能级）。

他主张，每条轨道的空间只够容纳一定数量的电子，所以它们无法全部聚集到尽可能靠近原子核的位置，不管它们有多么强的意愿。这意味着轨道的填满是由内而外的。

仅当电子在轨道间做一次"量子跃迁"（quantum jump），它才会吸收或释放单个光子或能量子。吸收或释放能量的量值或者说波长决定于轨道。这看似是一个取巧的花招——但当玻尔检验自己的理论时，他发现，若电子可以在他称为"壳层"（shell）的预定轨道间跃迁，则氢原子就会

尼尔斯·玻尔（Niels Bohr, 1885—1962）

丹麦物理学家兼哲学家尼尔斯·玻尔的工作是量子力学发展的关键一环，他将粗略的假设转变成了行之有效的概念。他借助量子物理推广了卢瑟福的原子结构理论，还解释了氢原子光谱。但他从未低估其中涉及的复杂性，他曾评论过"你从未懂得量子物理，你只是习惯了它"。在去英格兰的剑桥大学和曼彻斯特大学工作之前，玻尔在哥本哈根大学开始他的学业。后来，他返回哥本哈根大学创立了理论物理研究所（Institute of Theoretical Physics）[1]。1922年，他获得了诺贝尔物理学奖。第二次世界大战期间，他加入过原子弹的研发团队。他的职业生涯可能走上完全不同的一条路。1908年，他差点入选丹麦国家足球队当守门员[2]。这是足球界的遗憾，却是物理学界之幸。

阿尔伯特·爱因斯坦（左）与尼尔斯·玻尔（右）

---

[1] 即今天的玻尔研究所。

[2] 他的弟弟、数学家哈拉德·玻尔（Harald Bohr, 1887—1951）入选了丹麦国家队。

按他用数学预测的波长辐射能量。再者，玻尔的模型解释了氢元素——实际是每一种元素——为什么会产生一个独特的吸收和发射光谱。这一原理是光谱学的核心，它被天文学家用来揭示恒星的化学构成。

量子的慰藉

当马克斯·普朗克用量子指谓一种能量以小包形式运动的方式时，他并非真正有意让人将量子当真；他认为这是一个理论上的解决方案，一旦有人用数学解释究竟发生了什么，它就会被取而代之（见第100页）。但是，他偶然发现的一些事情显然表明那是真的，不管看似多么不可能。这不仅是真的，还是一个全新物理学门类的基础，这个物理门类适用于亚原子粒子的奇异世界。量子力学（quantum mechanics）——说明微小尺度上的粒子行为，一如牛顿力学说明较大系统的行为——始于普朗克的量子权宜计。这是一个乱糟糟的领域，充斥着看似不可能和烧脑的设想。

爱因斯坦将量子当了真。他对光电效应的研究借鉴了普朗克对量子的运用，但将之应用于光[1]（见第54页）。爱因斯坦提出，一个光子具有足够的能量将一个电子打出原子；一连串被打出的电子生成一股电流。他的观念起初并不流行，因为这似乎有悖于麦克斯韦方程组以及公认的论断光是一种波。在这里，物理学第一次遭遇了波粒二象性——某些东西有时表现得像波有时又表现得像粒子。

太阳能电池板利用光电效应[2]靠打入半导体的光子来发电

聪明的光

更诡异的发现是光似乎"知道"如何取悦实验者。当一个实验被设计成检验光作为一种波的行为时，光就表现得像一束波。当一个实验用来检验光作为一

---

[1] 普朗克探讨的也是"光"（电磁波）。
[2] 属于内光电效应的光伏效应。

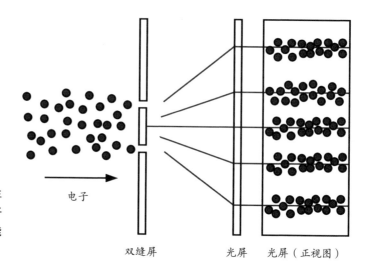

用光做双缝实验能产生干涉花样，用散射电子也能，这表明电子也能表现得像波

双缝屏　　光屏　　光屏（正视图）

电子

种粒子的行为时，光就表现得像一个粒子。不可能使之原形毕露。如果一束光穿过双缝照到一块屏上，会产生带明暗条纹的标准干涉花样。随着光越来越暗弱，当孤立的光子一次一个打到屏上，每次打到屏上闪一下，屏上就会出现一个光点。但是，总而计之，累积起来的图像仍是干涉花样。光子似乎"知道"打开的是单缝还是双缝，如果打开的是双缝，仍会累积出干涉条纹，不管光子打到屏上有多慢。每一个孤立的光子似乎能同时穿过双缝。如果关闭一条缝，即便是在一个光子已经开始了它的旅程之后，光子也只会穿过打开的那条缝。更进一步，如果其中一条缝的位置有一个探测器来确定光子是经过那条缝还是另一条，光子好像不愿现出原形似的停止产生干涉花样——它们突然表现得像粒子了。

仿佛这还不够奇怪似的，法国物理学家路易-维克多·德布罗意（Louis-Victor de Broglie, 1892—1987）[1]又在1924年提出，构成实物的粒子也可以表现得像波。这意味着波粒二象性无处不在，而且所有物质都有波长。1927年，他的古怪观念得到了支持，电子似乎表现得像波并像光那样衍射。此后，更大的粒子——质子和中子——也被观察到表现得像波。

---

① 此处法文介词 de（包括与冠词缩合 du＝de+le）与前文中的意大利文 di 或 della（di+la）、德文 von、荷兰文 van 等，类似于英文中的 of 或 from，单独前置时有表示籍贯或家世的作用，一般是世袭贵族或士绅阶层的标志，也不乏冒昧的情况。Louis-Victor de Broglie 是世袭的第七代布罗意公爵（Duc de Broglie），今约定俗成将 de Broglie 合译为"德布罗意"（当然，也有物理文献译为"德·布罗意"）。

德布罗意的这项工作是他的博士论文课题。在论文中，他提出电子是沿其可占据轨道运行的波[①]，而允许轨道的能级是这种波的谐振，以至于波总是彼此增强。他说，这个理论可以通过电子被晶格衍射来检验。1927年，两个独立的实验成功证实了这个理论，一个实验在美国，另一个在苏格兰。1937年，因为这个工作，德布罗意与做实验的三人中的两位一道获得诺贝尔物理学奖[②]。

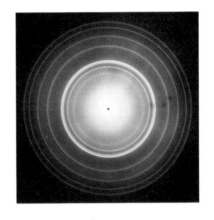

电子被铍衍射的花样

德布罗意工作的重要性在于揭示了波粒二象性适用于所有物质。他的方程说的是，（任何东西的）一个粒子的动量乘以其波长等于普朗克常量。[③]因为普朗克常量非常小，比一个分子更大的任何东西，其波长比之于其实际尺寸都是很小的。比如，我们不会去操心一辆巴士或一只老虎的

波与粒子

波粒二象性在诺贝尔物理学奖的历史上得到了完美的反映。因证实电子的波动性与德布罗意分享诺贝尔奖的两人之一是乔治·汤姆逊。他的父亲约瑟夫·约翰·汤姆逊正是因证实电子是粒子获得了1906年的诺贝尔奖。父子两人都没错：两种解释都被接受。

德布罗意

[①] 按德布罗意的理论，"德布罗意波"是一种"相波"（phase wave）而非"物质波"（matter wave）。

[②] 在美国的实验由克林顿·戴维逊（Clinton Davisson, 1881—1958）和雷斯特·革末（Lester Germer, 1896—1971）完成，在苏格兰的实验由约瑟夫·约翰·汤姆逊之子乔治·佩吉特·汤姆逊（George Paget Thomson, 1892—1975）完成，与德布罗意共享1937年度诺贝尔物理学奖的是克林顿·戴维逊和乔治·佩吉特·汤姆逊。

[③] 这个关系式是美国物理学家亚瑟·康普顿（Arthur Compton, 1892—1962）先于德布罗意明确给出的，但它隐含于德布罗意的博士论文中。

巨人的肩膀

经典物理学的真正开端始于牛顿以及他的1666"奇迹年"（annus mirabilis）。启动量子力学的物理复兴始于阿尔伯特·爱因斯坦在1905年发表狭义相对论、光量子理论等论文。这两位科学家皆以诸多前代科学家的工作为基础，是这些前人使这两次"天启时刻"成为可能。他们的发现会穿越随后的岁月激起回响。

核动力太空火箭利用核反应产生所需的巨大能量

波长。随着我们考虑的粒子越来越小，它们的波动性变得越加重要。

又一个牛顿时刻

粒子可能在现实中表现得像波，在爱因斯坦于1905年解释了原因之后，这似乎也不是那么不可能。

在狭义相对论的一篇后续论文中[1]，爱因斯坦加入了他那个方程的早期（不甚简洁的）形式，该方程用词汇可表述为

$$能量 = 质量 \times 光速的平方，$$

今天更常见的形式为 $E = mc^2$。

这是一个推动世界的结果，其重要性如同牛顿的《原理》。爱因斯坦方程说的是，能量与物质无异，只是形式不同。物质能被转化为非常大的能量。这是核动力与核武器的关键，这两种方式都是利用打破原子核释放出的能量。

卢瑟福和玻尔的原子模型存在一个在牛顿物理学的院墙内无法解决的基本难题。因为电子带负电荷，它一定会被带正电荷的原子核吸引。它

---

[1] 建立狭义相对论的论文题为《论动体的电动力学》（Zur Elektrodynamik bewegter Körper），后续论文为《物体的惯性同它所含的能量有关吗？》（Ist die Trägheit eines Körpers von seinem Energieinhalt abhängig?）。

阿尔伯特·爱因斯坦（Albert Einstein, 1879—1955）

爱因斯坦生于德国乌尔姆，但幼时生活在瑞士和意大利，由于其父经商不顺，不得不举家四处迁徙。尽管后来有天才之誉，爱因斯坦并不是一个早慧的学生。他的父亲咨询过一个专家，因为父亲怀疑自己的儿子学习吃力，而爱因斯坦最初也因数学不达标未能考入苏黎世联邦理工学院[1]。他没有获得一个学术职位，所以到瑞士伯尔尼的专利局找了份工作。这后来被证明是个明智之举，因为他干得不错还有充足的空闲时间和才智精力来追求自己在物理学方面的志趣。在专利局工作期间，他利用空闲时间研究物理，发表了五篇改变世界的论文，涵盖光电效应、布朗运动和狭义相对论。基于他发表的研究，他于1909年在苏黎世谋得一个学术职位。因这些早期工作，他获得了1921年的诺贝尔奖。狭义相对论只适用于匀速运动的物体且无法解释引力，他不满足于这种局限，着手建立一个包罗万象的相对论。他发现这项工作比他预计的更艰难。他与数学斗争，最终于1916年发表了广义相对论。他的相对论重新定义了我们的空间、时间、物质和能量观念。当天文学家亚瑟·爱丁顿通过揭示引力能弯曲光（见第61页）部分证实了爱因斯坦的理论，爱因斯坦成为了一位国际科学巨星。为了逃离纳粹对犹太人的迫害，爱因斯坦迁往美国。他在美国度过了余生，主要是在普林斯顿的大学里[2]。

爱因斯坦（摄于1921年）

虽然爱因斯坦最初帮助发起了对原子弹的研究，但他后悔自己参与其中，后来又发起了核裁军运动。他还为以色列建国奔走过。他始终以一位理论物理学家的角色工作，直到生命的尽头。他为建立统一场论（unified field theory）而奋斗不止，但没有成功——他想用单独一个理论或一组相关理论解释宇宙中的一切。他从未完全接受量子力学的发展。

---

[1] 后来考入了苏黎世联邦理工学院师范部学数学和物理。
[2] 主要是在独立于普林斯顿大学的普林斯顿高等研究院（Institute for Advanced Study）。

为了维持在轨道上必须处于加速状态[1]，但这样它就会以不断放出电磁辐射的方式消耗能量。按这种方式损失能量，电子会很快螺旋式落入原子核，而原子就会坍缩。事实上，"很快"是一个相当保守的说法——这会发生在约一百亿分之一秒内[2]。

解决这个难题需要众多物理学家投入，但其中最重要的贡献之一来自奥地利理论物理学家埃尔文·薛定谔（Erwin Shrödinger, 1887—1961）。

是波还是粒子？

如果一个粒子表现得像一束波，我们真的能说出它在哪儿吗？这是薛定谔提出并试图回答的问题。他抛弃了电子沿固定轨道运行的观念，因为凭量子力学不可能说清电子在哪儿。他的结论是，基于我们对波和数学概率的知识，我们能给出一个粒子在哪儿的概率，但我们不能给出它的确切位置。这后来被称作薛定谔方程（Shrödinger equation）。将这个方程应用于电子，我们能说，电子在一特定区域的可能性约为80%到90%，但它还有小概率在其余地方。我们最终得到的是一个"波函数"（wave function），它表达的是波或粒子在一特定位置的可能性[3]。

考虑比电子更大的例子，如果一只苍蝇飞进一个封闭的盒子，这只苍蝇的波函数给出了它在盒中任一特定位置的概率。在苍蝇飞不到的地方，波函数趋于零。因此，如果盒子某部分太窄以至苍蝇飞不进去，波函数会在该处坍缩（假如盒子上没有供它逃逸的孔洞，波函数也会在盒外坍缩）。薛定谔于1926年系统阐述了他的方程，仅在德布罗意初步探讨波粒二象性两年之后。

薛定谔的模型将电子描述成以一团概率云的形式存在于某处，概率云代表它可能存在的所有位置。概率云密度最大处是电子最有可能存在的位置，而密度最小处是它不大可能存在的位置。你每次测量，可能会得到不同的结果。但若你做足够多的测量，有一些——最有可能的——结果会比别的更频繁。这些最有可能的结果对应于玻尔提出的能级。最终，薛定谔

---

[1] 经典物理学的图景，电子在轨运动是一种具有向心加速度的变速运动，维持在轨道上的条件为原子核的吸引作用在电子上产生的向心加速度等于电子维持在该轨道上需要的向心加速度。

[2] 玻尔通过引入"定态"（stationary state）假设强行规避这个难题。

[3] 这不是薛定谔的理论，而是德国物理学家马克斯·玻恩（Max Born, 1882—1970）给出的波函数概率解释，即波函数的模方表示粒子在某一区域的概率。

1929年，汇聚在芝加哥的物理英豪：（前排左起）沃纳·海森堡（Werner Heisenberg）、保罗·狄拉克（Paul Dirac）、亨利·盖尔（Henry Gale）、弗里德里希·洪特（Friedrich Hund）；（后排左起）亚瑟·康普顿（Arthur Compton）、乔治·芒克（George Monk）、霍斯特·埃克阿特（Horst Eckardt）、罗伯特·马利肯（Robert Mulliken）、弗兰克·霍伊特（Frank Hoyt）

的模型给出了确切结果，没有玻尔模型中固有的局限。然而，或然性取代必然性使量子物理学家陷入了混乱。

在薛定谔追求电子波动模型的同一时期，德国物理学家沃纳·海森堡（Werner Heisenberg, 1901—1976）正在为电子建立自己的数学模型，但更偏向电子在轨道间做量子跃迁时体现出的粒子性。与薛定谔同年，他在1926年发表了理论。英国物理学家保罗·狄拉克（Paul Dirac, 1902—1984）在同一时期发展出了第三种更数学化且更理论化的模型。事实上，狄拉克进一步揭示了另两种模型——海森堡的和薛定谔的——实际上是等价的，他们三人是以略有不同的方式在说同样的事情。这三人都因其对量子力学的贡献获得了诺贝尔奖。

我们能确定吗？

海森堡于1927年陈述了不确定性原理（uncertainty principle），断言我们不能知道一个粒子的一切。他认为，量子力学的一个结果是不可能同时测

我能从那儿走向哪儿？这是电子的困惑

整个量子力学都能从不确定性原理出发来构造。回顾牛顿力学范畴原子模型的原始难题，为什么电子不落入原子核反倒与之共存，海森堡的原理给出了一个解释。已知一个粒子在一特定轨道上的动量，其位置就不能被精确获知——它只是在轨道上的某处。然而，如果该粒子落入原子核，其位置就会被知道——但它的动量也会被知道，因为它会是零。落入原子核会使电子违反不确定性原理。这简直不可容忍。事实上，一个原子内的最小轨道（看看氢原子里的电子轨道）在不违反不确定性原理的前提下是尽可能小的——这是数学的作用。原子的大小乃至其本身是否存在都取决于不确定性原理。

量一个粒子的方方面面[1]。如果我们测量它的位置和速度，我们能在一定限度内获知二者，但提高一个的测量准确度会使另一个的确定度下降。正是观察位置的行为使其速度的确定度下降。这是对测量的量子表述的一个基本特性，不能通过改变观测的方法或工具来避免。

海森堡最初用一个思想实验来说明不确定性原理。例如，我们可以通过照在粒子上的光来测量一个运动粒子的位置，在这种情境中只会得出两种结果中的一个。一个光子可能被吸收，导致原子里的一个电子跃迁到另一能级，在这种情况下我们已然改变了原子，我们的测量似是而非。或者一个光子没被吸收径直穿过，在这种情况下我们根本没做测量。

如果我们试图将"粒子"和"光子"都当作波粒二象的，不确定性原理会更加复杂。海森堡意识到，不确定性原理不仅影响现在，还会波及过去和未来。因为一个位置总是

和朋友一起游泳的沃纳·海森堡（左）。即便是核物理学家也有放松的时候

且仅是一个概率的集合，确定一个粒子的路径不是看上去那样的。如海森堡所说，"仅当我们观测，路径才会存在"。未来的路径同样也不能确定地预测。

---

① "方方面面"指一对共轭物理量（其算符不可对易），比如位置坐标和动量（速度）、能量和时间。

> 任何不为量子理论震惊的人都没有弄懂它。
>
> ——尼尔斯·玻尔

牛顿物理学处理的是确定性，是有因果关系的决定论性模型，是可预测的。新的量子力学似乎推翻了所有这些，至少是在原子层面。它在一些圈子中颇受抵触；即便是爱因斯坦也不信，他说"上帝不掷骰子"（God doesn't throw dice），虽然他不得不接受其中的数学。实际上，自20世纪初以来，数学模型的运用一直在稳步接掌可以在实验室中检验的实验物理学。由数学演算支持的思想实验已成为新物理学的支柱，尤其是对理论物理学而言。[1]

哥本哈根诠释

薛定谔倾向于聚焦波粒二象性的波动性一面，而海森堡更关注粒子性。海森堡以矩阵的形式表达他的工作，而薛定谔则要用概率论[2]。围绕这两种方法，物理学家分立为两大阵营，各自都认为另一种方法是错的。

1927年，玻尔、海森堡和德裔物理学家马克斯·玻恩（Max Born，1882—1970）一道综合了量子理论看似矛盾的两方面，其成果被称为"哥本哈根诠释"（Copenhagen Interpretation）。这不是说实物粒子或光子会"选择"在任一位置充当波或粒子，也不是说它们实际上是波或粒子；相反，使它们看起来像波或粒子的特征是同一面硬币的两面。我们看到哪一面以及我们如何诠释它们的行为取决于我们在寻找什么以及我们在怎样观测它们。光同时以波和粒子的形式存在，但当我们测量它时只会表现出一面或另一面。测量或观察的行为决定了基于我们所选观测类型的结果。在做出测量的那一刻，波动性或粒子性就被决定了，波函数可以说就坍缩了。更确切地说，它瞬间不连续地变成与测量结果相关的波函数。

玻尔认识到不确定性原理的重要，还比海森堡更进一步指出，这个问题不是源自测量中牵涉的物理干扰，而是一个更为基本的问题——正是测量行为改变了正被检查的状况或系统。这使人对科学方法的整个前提产生了怀疑。如果测量或观察行为本身会影响结果，就不存在客观的观测者。

---

[1] 不管是否使用数学语言来表述，从来就没有脱离理论图像的实验物理学。

[2] 按哥本哈根诠释的理解，不是按薛定谔的理解。

埃尔文·薛定谔

在一个既有毒又无毒的盒子里，
薛定谔的猫既死又生

盒子里的猫

玻尔的解释并不能使每个人都满意。薛定谔就嗤之以鼻，他描述了一个思想实验来展示哥本哈根诠释之荒谬。在薛定谔的思想实验中，有一只猫被关在盒子里，盒中有一台装置，构成这台装置的有少量放射性物质、一个盖革计数器、一小瓶氢氰酸和一把锤子。这个设备是这样运作的，若放射性物质的原子衰变，探测到释放的粒子会触发锤子击碎小瓶，而猫会被气体毒死。原子衰变与否是等概率的，而猫不能干预设备。让猫在盒子里待一小时。一个小时过后，这只猫或生或死的概率比为50∶50。按玻尔的主张及哥本哈根诠释，在我们打开盒子观察之前，猫的状态生死不定。薛定谔说，这就是荒诞不经之论。

多重宇宙

万物在被观测之前皆以一团概率云的形式存在，对这一讨厌观念的另一种回应是美国物理学家休·埃弗雷特三世（Hugh Everett Ⅲ，1930—1982）在1957年提出的"诸世界模型"（many worlds model）。这暗示了存在无穷多的平行宇宙（parallel universes），包含所有可能问题的所有可能结果。在做出抉择或观测的时刻，分裂出一个新的宇宙。别的暂且不说，这有助于我们把握无穷。你在茶和咖啡之间做出选择、一只蝌蚪游向左边还是右边或者一根树枝落到还是没落到屋顶上，若每当如此就分裂出一个新的宇宙，则一定存在许许多多宇宙——不论是在何处。

量子纠缠：爱因斯坦–波道尔斯基–罗森佯谬

那些不接受哥本哈根诠释的人中还有阿尔伯特·爱因斯坦。1935年，爱因斯坦同美国物理学家鲍里斯·波道尔斯基（Boris Podolsky, 1896—1996）和内森·罗森（Nathan Rosen, 1909—1995）构造了所谓的EPR佯谬。假设一个静止的粒子衰变，产生另外两个粒子。二者一定具有等大且反向的角动量，以至于其角动量[1]会彼此抵消（角动量守恒）而其余所有量子特性肯定也会同样地平衡以保持原粒子特性的守恒。在分道扬镳之后，粒子间的这种关联一定会持续存在。如果我们测量一个粒子的特性，另一个粒子相同特性的波函数就会坍缩——其影响是瞬间且不可避免的。

正如薛定谔的猫，爱因斯坦的纠缠粒子是被有意设计来揭示哥本哈根诠释之荒谬，但最终却适得其反。

粒子纠缠的存在业已被分隔数千米的粒子所证实。纠缠甚至可被用于实践，为计算、瞬时通信和加密提供既新又快的方法（运用"量子位"或量子比特qubits）。事实上，纠缠提供了一种比光速还快的信息传播方式[2]。

搜寻更多构成原子的粒子

就像电子在1897年被发现那样，电子很容易从原子里打出来，这早就为人所知。在20世纪30年代初，沃尔特·贝特（Walter Bothe, 1891—1957）、伊雷娜·约里奥–居里（Irène Joliot–Curie, 1897—1956，玛丽·居里和皮埃尔·居里的女儿）和她丈夫弗雷德里克·约里奥–居里（Frédéric Joliot–Curie, 1900—1958）发现，用α粒子轰击铍会产生另一种辐

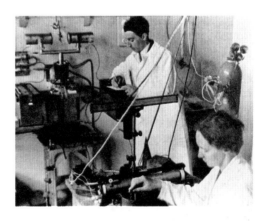

弗雷德里克·约里奥–居里和伊雷娜·约里奥–居里在他们的实验室里工作

---

[1] 自旋角动量。

[2] "纠缠"本身并不传递信息。打个比方，A和B具有夫妻这样的"纠缠"关系，当妻子A生下孩子，即便A与B之间没有传递信息，B也会"瞬间"成为父亲。

詹姆斯·查德威克因在1932年2月进行的中子研究获得了诺贝尔奖

射。这种辐射擅长从其他元素中打出些东西，但它究竟是什么还没被立即弄清楚。约里奥–居里夫妇于1932年1月公布了他们的结果。英格兰物理学家詹姆斯·查德威克（James Chadwick, 1891—1974）马上重复了这个实验并解释了该效应，他提出α粒子打出的是铍原子核的碎片。起初，他认为这些"碎片"是成对的质子和电子，因为它们不带电荷（或电荷中和）。

整个20世纪20年代，查德威克一直在寻找一种电中性粒子，他预期这是一个质子和一个电子结合在一起的形式。但他赖以摘取1935年度诺贝尔奖的至要工作，最后竟是在1932年2月挤出的几日忙碌。他在1932年做出的测量推翻了自己最初的推论，因为这种粒子太重，不可能是单个质子和单个电子结合在一起。他推断肯定存在一种新的亚原子粒子——这种粒子不带电荷，他称之为"中子"（neutron）。这意味着，同种化学元素具有不同原子量的各变体，即所谓"同位素"（isotope），可以得到相当简单的解释。一种特定元素的所有同位素一定具有相同个数的质子和电子，只是中子个数不同。

中子可谓是构成原子的一个超级明星。驱动核电站和原子弹的链式反应由此成为可能，因为中子不会被正负电荷偏转，它还能被用于探查其他原子的结构。

法国卡特农核电站

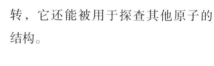

将之结合在一起

质子和中子紧密地挤在原子核里，这只占整个原子的一小部分——约十万分之一[1]。如果原子有一个足球场那么大，原子核就只有一粒沙那么大。如果原子有地球那么大，

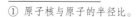

① 原子核与原子的半径比。

中子名称的候选者

在查德威克将原子核中不带电粒子定名为"中子"的两年前，奥地利物理学家沃尔夫冈·泡利（Wolfgang Pauli, 1900—1958）将同样的名称用于一种理论上的粒子，他提出的粒子是原子核在 β 辐射过程中发射出来的。他的观念当时影响不大，以至于查德威克能无碍地调用这个名称。泡利粒子的存在最终在20世纪50年代被证实，如今它被叫作"中微子"（neutrino）。

原子核直径就会有0.1千米左右。而质子应该相互排斥，因为它们带有同种电荷。那么，它们如何能紧密地挤在原子核里？这要用所谓的强核力来解释，最初是由日本物理学家汤川秀树（Hideki Yukawa, 1907—1981）在1934年提出的。汤川提出，这种力的载体是在质子和中子间交换的粒子，叫作"介子"（meson）。介子是短寿命粒子，存活时间的数量级只有一亿分之一秒。

不像引力和电磁力，强核力不遵守反比平方律。它在10^{-13}厘米的极短距离内非常强——百倍于电力，但之后它几近消失，在更长的距离上没有了力。在原子核半径以内，它强到足以克服质子间的静电排斥。即便如此，强核力也不会将它们紧压到相互挤碎——它会维持质子间的微小距离。这个力程限制了原子核的大小。π介子或π子，强核力的真正中介物，是在1947年发现的，英国物理学家塞西尔·鲍威尔（Cecil Powell, 1903—1969）、巴西物理学家恺撒·拿铁斯（César Lattes, 1924—2005）和意大利物理学家朱塞佩·奥卡里尼（Giuseppe Occhialini, 1907—1993）在研究宇宙射线产物时找到了它。汤川因他的预言获得了1949年的诺贝尔物理学奖。

物质瓦解

许多物理学家在考察原子如何结合到一起，而另一些物理学家在探究原子何以能瓦解。在昂利·贝克勒尔发现放射性之后，进一步的研究

万古磐石

　　1920年，弗雷德里克·索迪预见到一种同位素变化（衰变）为另一种同位素或其他元素的方式在测定岩石年代上有潜在的用处。这种方法在今天被广泛使用。例如，碳14经β衰变转化为氮14的速率是已知的——5730年衰变一半（它的半衰期）。通过测量残留在岩石中的碳14与氮14之比，有可能借此算出岩石的年龄。这项技术被称作碳元素测年。

分化为几个方向。1903年，卢瑟福和英格兰放射化学家弗雷德里克·索迪（Frederick Soddy, 1877—1956）合作发展出了一个放射性衰变模型。他们的解释是，一个重元素的原子可能是不稳定的，其衰变可以是失去一个α粒子（氦原子核）或者让一个中子衰变成一个质子并放射出一个β粒子（电子）[1]。在这两种情况下，原子核里的质子数都会改变，所以原子会变成不同的元素。他们预言了镭的衰变会产生氦，索迪于1903年在伦敦同苏格兰化学家威廉·拉姆齐（William Ramsay, 1852—1916）爵士合作获得这个结果。1913年，索迪陈述了放射出一个α粒子会使原子序数减二（因为失去了两个质子），而放射出一个β粒子会使原子序数加一（因为一个中子衰变成一个放射出的电子和一个留下的质子，所以原子序数会增加）。索迪琢磨出了"同位素"（isotope）这个名称来表述具有不同原子质量的同元素变体。

　　1919年，卢瑟福发现，如果用α粒子轰击氮，它会变成氧的同位素，在这个过程中会失去一个氢原子核（单独一个质子）。这是首次将一种元素人工嬗变为另一种——这是炼金术士数个世纪以来孜孜以求的目标，尽管他们更具雄心的目标是将贱金属变成黄金。这与其说是迈入炼金术新世界的第一步，不如说是迈入核物理疆域的第一步。

　　在1920年到1924年之间，卢瑟福和查德威克证实了大多数轻元素在被α粒子轰击时会放射出质子。

---

[1] 即 α 衰变和 β 衰变（除电子外，还会放射出反电子中微子），1903 年时还没发现质子和中子。

驾驭链式反应

一种元素嬗变成另一种能被人工触发，可能是巨大的动力之源。原子弹爆炸释放的能量或核电站利用的能量来自原子核的链式反应（chain reaction），用一个衰变原子放射出的粒子触发另一原子的衰变。

伊雷娜·约里奥-居里和弗雷德里克·约里奥-居里于1934年发现诱发放射性（induced radioactivity），用α粒子轰击某些元素，他们就可以将这些元素转化为随后会衰变的不稳定放射性同位素。意大利物理学家恩里科·费米（Enrico Fermi, 1901—1954）推广了两人的研

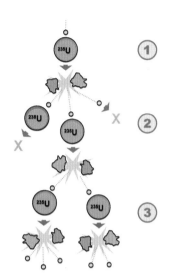

用中子轰击诱发铀235衰变会产生链式反应

铀-238的放射性衰变链

当一种放射性同位素发生衰变，它会变成另一种元素，子核素（daughter nuclide）。子核素也可能具有放射性，导致进一步衰变。同位素衰变一半所需时间叫作它的"半衰期"（half-life）。铀-238自然衰变成铅-206，其经历的14个阶段如下表所示。

母核素	衰变类型	半衰期	子核素
铀-238	α 型	45亿年	钍-234
钍-234	β 型	24天	镤-234
镤-234	β 型	1.2分钟	铀-234
铀-234	α 型	240 000年	钍-230
钍-230	α 型	77 000年	镭-226
镭-226	α 型	1600年	氡-222
氡-222	α 型	3.8天	钋-218
钋-218	α 型	3.1分钟	铅-214
铅-214	β 型	27分钟	铋-214
铋-214	β 型	20分钟	钋-214
钋-214	α 型	160微秒	铅-210
铅-210	β 型	22年	铋-210
铋-210	β 型	5天	钋-210
钋-210	α 型	140天	铅-206

恩里科·费米[2]

究，他用慢中子产生了更有效率的诱发放射性。用中子轰击铀，费米认为他已创造了一种新的元素，他称之为hesperium[1]。不过，来自德国和奥地利的4位科学家在1938年发现费米的技术事实上已将铀原子核分裂成大致相同的两部分。这个过程即核裂变（nuclear fission）。

匈牙利物理学家列奥·西拉德（Leó Szilárd, 1898—1964）意识到，一次核裂变反应释放的中子可以用于触发其他原子的裂变，导致一种自持的链式反应。西拉德在伦敦时被《泰晤士报》（The Times）上的一篇文章激怒了，这篇文章说的是卢瑟福驳斥将原子内的能量用于实践的可能性。在步行去圣巴索洛缪医院（St Bartholomew's Hospital）工作的路上，在布鲁姆伯利的南安普顿街等红绿灯时，西拉德算出了如何让原子核产生链式反应。次年，他为此申请了一项专利。事实上，西拉德最初手握链式反应与核反应堆两项专利（同恩里科·费米），不过他在1936年将原子核链式反应的专利交给了英国海军部（British Admiralty）。西拉德是原子弹计划的发起人之一。

> 在这些过程中，我们可能获得比质子提供的多得多的能量，但一般而言，我们没法指望靠这种方式获得能量。这种能量产生方式非常拙劣和低效，在原子嬗变中寻求动力源的任何人都是在白日做梦。但这个课题在科学上很有趣，因为它给出了深入原子内的洞察。
>
> ——卢瑟福论原子能的演说，《泰晤士报》（1933年9月12日）

---

[1] 这个词来自 hesperia，意为"西方之国"，古希腊人用以指谓意大利地区。

[2] 在这张照片上，费米板书的精细结构常数表达式是错的，正确的写法是 $\alpha = \dfrac{e^2}{hc}$。

1942年，世界上第一座核反应堆在芝加哥实现自持（当时没有摄影师在场）

1939年，弗雷德里克·约里奥–居里为链式反应提供了实验证据，而许多国家（包括美国、英国、法国、德国和苏联）的科学家都疾声呼吁经费以研究核裂变。第一座核反应堆是1942年12月启动的芝加哥1号堆（Chicago-Pile-1），建造它是为了生产用于核武器的钚。

"解放世界"？

启发列奥·西拉德的是英国作家威尔斯写的一部小说《解放世界》（*The World Set Free*, 1914），小说里有一种可造成巨大破坏的新型武器，"原子弹"（atomic bomb）。威尔斯虚构的原子弹在一段时间内不断爆炸。这导致西拉德开始严肃考虑利用原子核的链式反应制造一个真实的原子弹。西拉德于1938年迁往美国，又在一年后说服阿尔伯特·爱因斯坦与他一道致信美国总统富兰克林·罗斯福（Franklin D. Roosevelt），敦促美国政府启动开发原子弹的研究项目以对冲纳粹德国抢先开发出核武器的风险。这就是曼哈顿计划（Manhattan Project）。西拉德将这个计划设想为保护世界免于威尔斯描述的那种毁灭的一个办法，因为他希望原子弹会被当作一种威慑而不被实际使用。随着研究的控制权转移到军方，他变得越来越忧虑，为了争取在不死人的情况下降服日本，他力主以试验的方式向日本人展示原子弹的威力，而美国政府拒绝了这个建议。1945年，原子弹被投放到日本城市广岛和长崎，引发了巨大的破坏和成千上万人的死亡。二战后，西拉德预言了冷战特有的核僵持局面。他离弃了物理学，转而专注于分子生物学研究。

我们打开开关，看到了闪光。我们看了一会儿，然后关掉一切回家……那一晚，我脑海中几无怀疑，这个世界正被引向哀伤。

——列奥·西拉德，谈及1938年在曼哈顿的
哥伦比亚大学用铀成功启动链式反应

1945年8月，广岛（左）和长崎（右）上空的原子弹爆炸

经典原子的终结

自有玻尔的模型，就不可能用经典物理学来解释原子的行为。微小的原子核含有质子和中子，它们靠强核力结合在一起。在其余真空区域，电子在既定壳层高速运转，从不偏离轨道但能在适宜情况下从一条轨道跃迁到另一条。古人持有原子不可分割的概念，他们觉得难以把握之事除了原子由电子、质子和中子构成，还有质子和中子又能被进一步分解。20世纪下半叶发现的夸克，靠以胶子（gluon）为载体的力结合在一起。耐人寻味的是，

默里·盖尔曼给出了夸克的名称

鸭子叫了声"夸克"

"夸克"（quark）这个名称是默里·盖尔曼（Murray Gell-Mann）选的，他是在1964年独立提出其存在的两人之一[①]。他这样命名源自鸭子的叫声，他想要使之发音为kwork，但他无法立即确定如何拼写。他选定的quark这个词出自詹姆斯·乔伊斯（James Joyce）的《芬尼根守灵夜》（*Finnegans Wake*）：

> 冲马克大佬道三声"夸克"！
> 这一阵嚷嚷，他必无所得，
> 他所拥有的一切必在标示之侧。

"夸克"——命名源自鸭子的叫声

这是一种强力——与将质子和中子结合到一起的那种力相同。事实上，质子与中子的结合是某种残余效应。作用于夸克的强力显然更有趣。随距离增加，这种力不会减弱，反倒越来越强，直至达到其最大值，这要作用在远大于一个质子或中子尺寸的距离上。1979年，德国的正负电子对撞机PETRA首次探测到胶子。

质子和中子是强子（hadron）中的两例，所有强子要么由三个夸克构成（重子baryon），要么由一个夸克和一个反夸克构成（介子）。1968年，在斯坦福直线加速器中心（Stanford Linear Accelerator Center）做的实验揭示了质子并非不可分割，它由更小的点状物构成，理查德·费曼称之为"部分子"（parton）。夸克模型是在1964年提出的，但部分子没有马上被确认等同于夸克。夸克有6种味："上"（up）、"下"（down）、"顶"（top）、"底"（bottom）、"奇"（strange）和"粲"（charm），"顶"和"底"有时也被叫作"真"（truth）和"美"（beauty）。反物质的夸克——反夸克具有反味，这就导致了像"反奇夸克"和"反上夸克"这样的古怪概念。这日常生活中，"反奇"和"反上"可以被叫作"常"

[①] 另一人是乔治·茨威格（George Zweig），他选的词是扑克牌中的 Ace。

和"下"，但在古怪的夸克世界里，"下"和"反上"是不同的。

质子和中子都是重子，也是仅有的稳定强子，不过中子仅在原子核内是稳定的。已知或预言的重子大约有40种，而已知或预言的介子大约有50种。它们的名称很奇怪，比如"双粲一底的Ω"[①]（一种质量或寿命未知的重子）。一些重子的寿命非常短（如果它们确实存在的话）——比如Δ重子，仅持续5.58×10^{-24}秒。（这意味着，大约要有宇宙中恒星数目的30倍那么多的Δ粒子才能前后持续1秒钟。）最先被发现的介子是1947年在宇宙射线中找到的κ子和π子。

还有大量亚原子粒子超出了本书的范畴，但足以说仍有许多粒子尚未被发现或证实，有的具备未知的特性和功能。

物质与反物质

1927年，保罗·狄拉克发表了一个明确的电子波动方程（见第129页），这个方程完全符合狭义相对论的要求。不过，出人意料的是，这个方程有两个解，一个描述了大家熟知的电子而另一个略同于电子，却带正电荷。起初，狄拉克试图将之与质子匹配，但质子的质量太大。另一些研究表明，用足够的能量可以产生电性相反而质量相同的粒子对。1932年到1933年，卡尔·安德森（Carl Anderson, 1905—1991）发现了狄拉克预言的带正电粒子的踪迹。他称之为"正电子"（positron）。这被认为是第一个被发现的反物质粒子[②]。正电子后来在一种医学成像技术中得到了实际的应用，即所谓PET（positron emission tomography，正电子发射断层显像）扫描。我们现在知道，一切粒子皆匹配了具有完全相反特性的反物质粒子。

幽灵粒子

更耐人寻味且更难以捉摸的一种粒子是中微子，它是沃尔夫冈·泡利于1930年首次提出的。泡利需要用它来配平一个方程。当一个放射性原子的原子核衰变时，释放的能量应该等于原来具有的。但泡利发现情况并非

---

① 用符号表示为 Ω^+_{ccb}，这个粒子由两个粲夸克（c）和一个底夸克（b）构成，带一个单位的正电荷。

② 当时与卡尔·安德森同为罗伯特·密立根（Robert Millikan, 1868—1953）研究生的赵忠尧（1902—1998）在1930年的两个实验中已然观测到正负电子对的产生和湮灭。安德森在晚年承认他的研究是受赵忠尧实验的启发。

　　我今天办了件非常糟糕的事儿，提出了一种不能被探测到的粒子。这就不是理论家该干的活儿。

——沃尔夫冈·泡利的日记，1930

如此。损失的能量多于可以测量到的能量，这意味着放射出的某种东西没被探测器俘获。泡利意识到，在 β 衰变的过程中，放射出的电子显然可以具有任意值的能量，其最大值视各种具体的原子核类型而定。但若真是如此，就会违背能量守恒定律。泡利给出了激进的解决方案，他提出存在另一种还没量子化的不带电粒子，它可以携带任意值的动能直至预设的最大值。他将这种潜在的粒子称为"中子"，但两年后查德威克会将这个名称用于我们今天所知的中子（见第134、135页）。

　　1933年，恩里科·费米为泡利的神秘粒子琢磨出了"中微子"（neutrino）的名称。费米提出，一个中子衰变成一个质子和一个电子（如果中子被带到原子核外，它也会如此），还有一种不带电的新粒子，即中微子。中微子随后会在 β 衰变的过程中和电子一道放射出来。

　　中微子一直是一种理论上的粒子，直到美国物理学家弗雷德里克·莱因斯（Frederick Reines, 1918—1998）和克莱德·考恩（Clyde Cowan, 1919—1974）在1953年探测到它们。他们将一座核反应堆附近的大水箱用作"中微子收集器"。他们算出反应堆每秒会产生十万亿个中微子，并设法一小时追踪三个。显然有大量中微子成了漏网之鱼，但他们找到的少量中微子提供了亟须的证据，证实了中微子确实存在[1]。

　　中微子的质量微不足道，也不带电荷，所以它们可以无阻碍地穿过遇到的一切。事实上，若有一束中微子流射向3000光年厚的铅墙，一半中微子会无碍地通过。中微子里有宇宙大爆炸的残余，有太阳放射出来的，还有从爆发星（exploding stars）流出来的。实际上，每秒大约有100万亿个中微子穿过你的身体。原子里大多是真空——记住，原子核是足球场里的一粒沙。所以，有充足的空间让中微子呼啸穿过一切，又因为它们不带电荷，也不会被电子或质子偏转或干扰。

　　首次发现中微子约十年之后，一台专门的中微子探测器被安置在美国南

---

[1] 这个实验做了三年，莱茵斯和考恩观测到的实际是反电子中微子。

在美国苏丹地下矿山州立公园，用于探究中微子的MINOS（Main Injector Neutrino Oscillation Search，主注入器中微子振荡搜寻）探测器

达科他州的一座金矿里。这台探测器有一个巨大的水箱，里面装满了富含氯的干洗液[1]。当一个中微子和一个氯原子碰撞，会产生有放射性的氩。每隔几个月，会从水箱里找到大约15个氩原子，表明在这段时间内有15个中微子和氯原子发生了碰撞。这台探测器连续使用了三十多年。

今天，有更多的中微子探测器建于地下深处，一些在旧矿井里，另一些在海洋下面，甚至是在南极冰层之下。中微子到达探测器不费吹灰之力，又有屏蔽措施以防科学家将之与宇宙射线混淆（更大的粒子会被屏蔽物质阻止）。日本的超级神冈（Super-K）中微子探测器有一个带1.3万个光学传感器的半球形水箱，盛满5万吨水[2]。每当一个中微子和水中的一个原子碰撞产生一个电子，传感器就会探测到一次蓝色闪光。通过追踪电子穿过水的准确路径，物理学家就能算出中微子过来的方向从而推断出中微子源。大多数中微子来自太阳。2001年，物理学家发现中微子有三种"味"。还有比他们意识到的更多的类型，但他们只发现了那些与物质相互作用产生电子的中微子。中微子味型的发现有更深的含义——这意味着中微子具有质量。2012年，一台测量中微子质量的探测器在德国投入运行。

一条迂回路线

用来计算中微子质量的卡斯鲁厄氚中微子实验平台（Karlsruhe Tritium Neutrino Experiment, KATRIN）在距德国卡斯鲁厄402千米远的地方运行。然而，它太大了，无法通过狭窄的道路运输，所以用船载运，沿多瑙河入黑海，穿越地中海，绕西班牙，穿英吉利海峡，进入莱茵河，抵达德国列奥波德港，然后再沿道路继续运输。这趟行程花了两个月，走了9010千米。

---

[1] 四氯乙烯 C_2Cl_4。
[2] 超纯水。

理查德·费曼

（Richard Feynman，1918—1988）

　　费曼生于纽约，他幼年的科学启蒙来自父亲，其父的职业是做制服，但对科学和逻辑感兴趣。在二战期间加入开发原子弹的曼哈顿计划之前，费曼先后在麻省理工学院和普林斯顿大学学习深造。后来他又加盟加州理工学院（California Institute of Technology）。费曼是一位魅力四射的演讲者，兴趣爱好不拘一格，包括在脱衣舞酒吧敲邦戈鼓。他发展了粒子物理的数学理论，还论证了电子或正电子间的相互作用可被考虑为电子或正电子在交换虚光子（virtual photons），又以"费曼图"（Feynman diagrams）的形式表达这些相互作用。众所周知，他有一辆用费曼图装饰的面包车，这辆车仍停在加州的一个车库里。他也是量子计算的先驱，还提出过纳米技术的概念。尼尔斯·玻尔要找费曼与之一对一地探讨物理，这是因为其他人都过于崇敬玻尔，以至于他们不会反驳玻尔或指出其论证的缺陷。

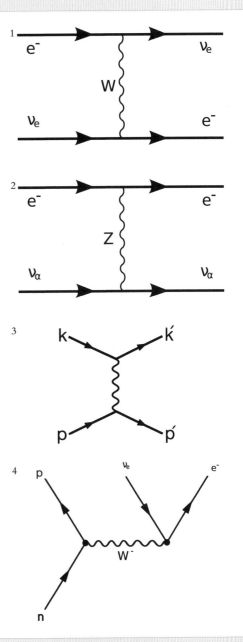

费曼图：（1）中微子与物质的带电流相互作用；（2）中微子与物质的中性流相互作用；（3）一个散射过程；（4）中子衰变[①]

---

① 弱相互作用可分为带电流相互作用和中性流相互作用，前者传递相互作用的 W 玻色子带电，而后者传递相互作用的 Z 玻色子不带电。

　　费曼看到一个旋转的盘子，一边观察其纹饰一边琢磨其"晃动"，这激励了他对电子自旋的研究：

　　"我吃午餐的时候，有个小孩在自助餐厅里抛起一个盘子。盘子上有一个蓝色的徽饰，是康奈尔大学的标志，当盘子被他抛起又落下来，蓝色的徽饰在转动，在我看来这个蓝徽转得比晃动还快，我想知道这二者之间的关联是什么。我只是玩玩罢了，没什么不得了的，但我玩的是旋转物体的运动方程，我发现，如果晃动很小，这个蓝徽的转动是晃动的两倍快。

　　我开始琢磨这种旋转，这种旋转将我引向一个类似的问题，即来自狄拉克方程的电子自旋，这正好把我带回量子电动力学，那是我一直在研究的问题。现在我继续以最初那种举重若轻的风格琢磨它，这就好像从瓶口拔出软木塞——一切不过是水到渠成，片刻之间我就做出了后来赢得诺贝尔奖的东西。"

最后一个失落的粒子

　　反物质和中微子在被发现前都是理论上的。现在要猎取的是另一个理论上的粒子，希格斯玻色子（Higgs boson）。希格斯玻色子有时被称作"上帝粒子"（God particle）[①]，是物质世界所谓"标准模型"（Standard Model）中最后一个粒子。希格斯玻色子不必存在于所有物理模型中，而在某些模型中可能会有多种希格斯玻色子。确定这种粒子存在与否有助于科学家决定哪一个设想的模型最有可能是正确的。希格斯玻色子被认为是希格斯场（Higgs field）的成分。穿过希格斯场的粒子被赋予了质量。如果希格斯玻色子存在，它就是物质不可分割的一部分，且无处不在。1966年，

重新命名不存在

　　许多科学家对希格斯玻色子的时髦名称"上帝粒子"不以为然。在2009年的一场重命名比赛中，最受欢迎的建议是"香槟瓶玻色子"（champagne bottle boson），其余竞争者还包括"乳齿子"（mastodon）、"神秘子"（mysteron）和"乌有子"（non-existon）。

[①] 原来叫 Goddamn particle。

彼得·希格斯（Peter Higgs, 1929—2024）第一次完整表述了这种粒子。

CERN的LHC隧道

搜寻希格斯玻色子需要使用大规模的对撞机，诸如在瑞士欧洲核子研究中心（CERN）[1]的大型强子对撞机（Large Hadron Collider, LHC）和在美国的费米国家加速器实验室（Fermi National Accelerator Laboratory, Fermilab）。一座强子对撞机可用多种办法以高速对撞质子来产生一个希格斯玻色子[2]（见第216页）。

来自星辰的粒子

大型强子对撞机试图模拟宇宙开端附近存在的环境，彼时巨大的压力迫使粒子聚集在一起。我们完全知道宇宙开端附近可能发生了什么，这是数千年来对星辰太空观察实践和理论思索的结果，这种活动无疑在有历史记载之前就开始了，远古的先民曾惊奇地凝望天空，编织故事来解释他们之所见。

---

① 这个法文缩写原指已经解散的欧洲核子研究理事会（Conseil Européen pour la Recherche Nucléaire）。

② 2012 年到 2013 年，CERN 发现并确认了希格斯玻色子的存在，希格斯本人因此获得 2013 年的诺贝尔物理学奖。

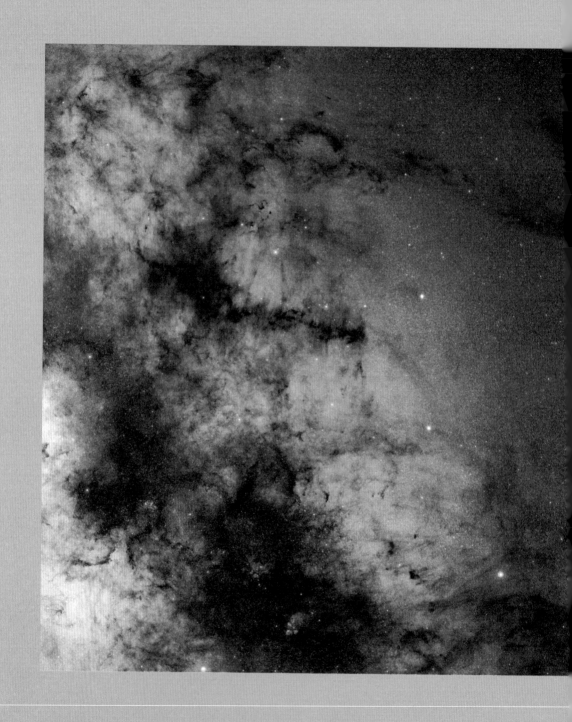

第6章
手可摘星辰

　　不可能知晓人类何时开始仰望和思索星辰。一些人受到启发将肉眼可见的约四千颗恒星看作各种星座，然后必然是更进一步编织出故事来附会这些图样。其中一些故事成了宗教信仰的基础，试图解释那些莫明其妙之事——世界的起源、四季的成因以及恒星和行星的巡天运动。另一些人似乎受启发去寻找更合乎理性的解释。他们观察、计数、测量，最终做出预言。随着时间流逝，他们的模型出现了问题，他们无疑要检验并改进自己的预言。这些早期的天文学家[①]是第一批科学家。他们并不违背各自文化中的宗教传统，而是与之携手合作，预测天体的运动来创制既符合宗教信仰又可用于实践的历法。

---

① 早期的"天文学家"（astronomer）与"星相学家"或"占星家"（astrologer）是不加区分的。

银河——我们在宇宙中的家园，不过是数千亿星系中的一个

在法国的卡纳克有近三千块史前立石

星辰与巨石

某些最古老的人类建筑物或可作证据来表明对日月星辰巡天运动的详细观察。在法国卡纳克的三千块立石，年代约为公元前4500年到公元前3300年，或许具有天文观测上的意义。在英格兰南部的那圈巨石阵（Stonehenge），竖立于公元前3000年到公元前2200年，可能曾被用作天象台：夏至日出方位大致对齐巨石阵的中轴线。地球的运动（我们的地球在自转时，其自转轴会晃动）意味着巨石阵在四千年前的取向误差比在今天的还大，但它仍可以为农耕和祭祀提供足够好的天文数据。另一些研究者发现巨石阵的排列取向与包括月亮和诸行星在内的不同天体运动符合得更好，他们提出巨石阵代表了数十年乃至几个世纪天文观测的成果。

埃及吉萨大金字塔群的排列取向更为准确。完工于公元前2680年左右的三座金字塔[①]，其四底边皆平齐于天文意义上的南北方向和东西方向，误差在1度以内。这三座金字塔的位置可能是猎户座中央三星[②]的镜像，其余金字塔可能对应于猎户座的其他恒星，而尼罗河则对应于银河。已知古埃及对天文的最早描述出自塞纳穆特（Senenmut）的墓室顶，他是哈契普苏特女王（Queen Hatchepsut）统治时期（约前1473—前1458）的首席建筑师兼天文学家。玛雅人在南美洲营造的几座建筑则与昴星团和天龙座 η（天龙座

英格兰索尔兹伯里的巨石阵在史前时代或许有天文用途

---

① 胡夫金字塔、海夫拉金字塔和门卡乌拉金字塔。

② 即猎户座腰带三星，参宿一（Alnitak, ζ Ori）、参宿二（Alnilam, ε Ori）和参宿三（Mintaka, δ Ori）。

的一颗恒星）排列一致。

埃及吉萨大金字塔群的
排列取向似乎与恒星和
罗盘方位一致

早期的占星家

　　巨石阵或金字塔的天文用途或相关性并未得到同时代记
载的支持，但最早留下记载的天文学家大致活跃于同一时期。中国的天文
学家在公元前2300年左右开始用专门建造的观象台来观天。最早的彗星记
录是在公元前2296年，最早的流星雨记录是在公元前2133年，而最早的日
食记录是在公元前2136年。中国的天文学服务于占星术，占星家需要预报
交食之类的天象来为军国大事选出吉时，也为帝王预知成败
命数。预言失败可能招致杀身之祸——已知至少有两位天文
学家在公元前2300年因预报日食不准被斩首[①]。在
河南省西水坡，一座距今六千年左右的古墓里有
蚌壳和骨头组成的三个中式星座图样，青龙、白
虎和北斗。3200年前的甲骨卜辞载有与二十八宿
相关的星名，亦留存至今。中国人相信天上的星
辰排布象征或预示了尘世的重大事件。从公元前
16世纪一直到公元19世纪末，几乎每个朝代都会
委派官员观测并记录天象及其变化，这为今天的
天文史家留下了不可估价的记载。

　　美索不达米亚的新月沃地（现在的伊拉克）

在瓦当上描绘的中国星
宫青龙和白虎

---

① 指的是夏后仲康时掌天文历法的羲氏与和氏，见《古文尚书·胤征》。

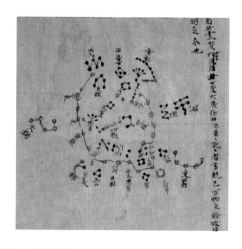

绘制于公元700年的中国敦煌星图

是几个早期文明的源头，这些文明始于公元前2600年的苏美尔人。可追溯到公元前2400年的数万苏美尔泥板载有最早带天文数据的农用历书，说明了何时播种和收割作物。

公元前1600年左右，巴比伦人占据了这个地区。他们的天文学家编算历法和占卜星相之类的活动得到了国家的支持。他们编制星表，开始长时间记录行星运动和日月交食，这有助于他们对交食给出大致预报。他们似乎发现了223个月的月食周期[1]。到公元前800年，他们已确定了金星、木星和火星相对于恒星的位置，还记录了可见的行星逆行（后退）运动。

巴比伦人发展出的历法有12个月，偶尔还要附闰第13个月[2]来保持历年连续。在巴比伦的一些地方，亦以7天为1周。巴比伦人还把圆周分成360°，他们又据此将1天分成12 "卡斯普"（kaspu），太阳每一 "卡斯普"行经天空30°。他们用1度的弧作为度量角的单位。

拥有度量角的系统使巴比伦天文学家能够测量行星的逆行运动。根据泥板上数个世纪的记载，他们可以预测行星的位置和逆行，甚至不需要理解这种运动如何或为何发生。他们不曾尝试建立科学解释或模型，因为他们的预测只服务于实用和宗教。

从观察到思考

当中国、苏美尔和巴比伦的天文学家严格记录星辰天象时，古希腊人采用了一种更具理论性和科学性的方法，试图为天体的行为建立解释和

---

① 日月交食 223 个朔望月的沙罗周期（saros）。
② 一般闰六月。

> 那么这样是否看起来更有可能，地球的赤道在1秒内（就是说，一个快速行走的人在这段时间内只能够前进一步）能走完四分之一英里（60英里等于地球上一个大圆的1°弧长），或者宗动天（primum mobile）的赤道在相同时间内应该以不可言喻之速走过5000英里……比闪电之翼还迅速，如果那些人确实固执己见，尤其是要责难地球在运动的话。
>
> ——爱德华·莱特（Edward Wright）在为威廉·吉尔伯特《论磁》
> （1600，见第106页）所作导言中解释为什么地球每24小时自转
> 一周的可能性比太阳每24小时绕地球公转一周的可能性更大

模型。

约公元前500年，毕达哥拉斯提出世界是一个球体而不是平坦的，公元前5世纪的阿那克萨哥拉则提出太阳是一块非常热的岩石，而月亮来自地球的一部分。公元前270年，阿里斯塔克（Aristarchus）曾说地球绕着太阳公转。以前，人们相信地球是中心，日月星辰都绕着地球公转。阿里斯塔克第一次计算了日月的大小以及它们到地球的距离，他推断由于太阳比地球大得多，故而太阳不大可能是绕地球运行的从属天体。

根据月食发生的时长，阿里斯塔克算出地月距离约为地球半径的60倍，符合现代的数据。他确定的地日距离是地月距离的19倍，而太阳直径约为地球直径的10倍，不过他的这些数据并不准确。不幸的是，阿里斯塔克的结论没有被同时代的人接受。有一种异议是，若地球绕着太阳运动，它有时就会远离诸恒星，这些恒星的大小看起来会有所变化。事实上，地球当然离这些恒星很远，以至于相形之下地球行经的距离极小，这就导致这些恒星的大小看起来无甚变化，否则那种异议就是相当合理的。但是，那么大的距离在当时是不可思议的，阿里斯塔克的模型被抛弃了。它要到一千八百年之后才会重获青睐。

喜帕恰斯
——古代最伟大的天文学家？

古希腊天文学家喜帕恰斯于公元前190年左右在尼西亚出生，但他一生的大部分时间是在罗德岛度过的。他被誉为古代最伟大的天文学家，尽管

他的著作几无存世。我们知道他主要是通过托勒密（见第37页）的《至大论》（*Almagest*）显露的。他借鉴了巴比伦天文学家的工作，在巴比伦和古希腊的天文学之间建起一座桥梁，显然他既用了他们的一些方法又用了他们收集的数据。

喜帕恰斯是一位了不起的观天者，第一份详细的星表往往会归功于他。撰写于公元前4世纪的中国典籍《甘石星经》记录了121颗恒星的位置。但喜帕恰斯记下了850颗肉眼可见恒星的位置，根据亮度将之分为6等[①]。这套体系今天仍在使用。

喜帕恰斯与他发明的多环天球仪

他列出了以往八百年来发生的所有交食，又在公元前134年记下了天蝎座的一颗新星。他还被认为创立了三角学，或许还发明了天球投影星盘。托勒密说，喜帕恰斯解释了日月的圆周运动，但他没有为行星的路径建立模型，尽管他整理了行星运动的数据并表明它们不符合当时的理论。他最著名的成就是探讨分至点如何相对于诸恒星从东

一个不太可信的模型

据印度教神话，世界在虚空中被四头大象驮着，大象又站在一只乌龟的背壳上。没有已知的天文观测可以支持这个模型。特里·普拉切特（Terry Pratchett）在《碟形世界》（*Discworld*）系列小说中借用了这个印度教传说。一个明显的问题是乌龟又站在什么上，回答往往是"乌龟下面还是乌龟，没完没了"，这种答复有多个出处。

印度教神话的宇宙

---

① 即星等（magnitude）的概念。

到西缓慢移动——所谓的分点岁差[1]。

　　喜帕恰斯首次准确测出了一年的长度为365天5小时55分钟。他注意到四季长短不一并准确算出来了一个月的长度，仅有1秒的误差。

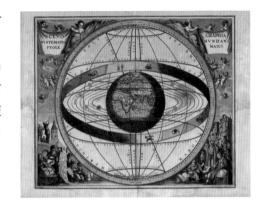

托勒密的模型

　　从古代世界传到我们手中的本应是阿里斯塔克的日心模型，但在公元140年左右，它的地位被托勒密的模型取代了。这个模型并非源自托勒密——他在自己的《数学论集》（*Mathematical Compilation*，如今所谓的《至大论》来自阿拉伯文标题的变体）中融会了当时的各种主张。按托勒密之前宇宙观，地球位于一组同心天球的中心[2]。在这些天球上，月亮、太阳、行星和诸恒星绕地球转动。古希腊人相信圆是完美的形状，因为天是完美的国度，故而天体轨道一定是圆形的。然而，这解释不了观察到的行星运动。

　　为了让这个模型有效，行星的小圆轨道[3]不得不偏离地球。金星和水星的轨道显然受太阳影响更大，故而托勒密的模型将这两颗行星的小圆轨道圆心放到地日连线上，小圆轨道的圆心又在一个绕地

表现托勒密地心宇宙模型的星图，1660—1661

手持一个多环天球仪的托勒密

---

① 喜帕恰斯探讨的是春分点的退行，中国晋代学者虞喜则探讨了冬至点的退行，皆为地轴运动的结果。
② 同心球模型不是托勒密的观点，而是阿波罗尼奥斯和喜帕恰斯之前的毕达哥拉斯学派、柏拉图学派和亚里士多德学派的主张。
③ 这些小圆轨道称为"本轮"（epicycle）。

早期的天文工具

已知最古老的天文工具是刻有三个同心圆的巴比伦泥板，每个圆被分为12段。这36段的每一个都刻有星座名和简单的数字，可能代表巴比伦历法的月份。

表现行星和恒星位置的星盘基于地球是宇宙中心的假设。星盘或许是在公元1世纪之前的某个时候开发出来的，尽管现存最早的是年代在公元927年到928年的阿拉伯星盘。伊斯兰传说解释了星盘的起源：托勒密骑在一头驴上端详他的天球仪。

天球仪被他失手丢到地上，他的驴子踩了上去，给压扁了，这就启发托勒密想到了星盘。

多环天球仪[①]相当于三维的星盘，它用一系列以地球为中心的同心环表现行星和恒星。

象限仪被用来测量一个物体相对于地平线或海平线的仰角高度。第一个被记载下来的象限仪是托勒密提到的，大约是在公元150年。伊斯兰天文学家建造过大型象限仪，但最有名的一个是第谷·布拉赫（Tycho Brahe, 1546—1601）在丹麦汶岛的天堡天文台（observatory at Uraniborg）使用的太墙象限仪（见第164页）。

古代天文工具：星盘（上）、多环天球仪（左下）和象限仪（右下）

---

① 类似中国的浑象。

球的大圆轨道①上。火星、木星和土星——其余肉眼可见的行星——也有各自的小圆轨道，而它们与各自小圆轨道圆心的连线总是平行于地日连线。托勒密将这些行星的小圆轨道圆心当作空位点（empty points），这些空位点又在绕地球的大圆轨道上运转。这种小圆轨道偏离地球的模式大致可以解释行星略有偏离的路径，即它们有时看起来会后退（沿逆行路径）。解释诸恒星要容易些——它们只是散布在一个遥远的天球上，这个天球绕地球运转，为其余一切提供一个背景。

随着对行星运动的观测日益精确，托勒密的模型显然不足以彻底解释它们的路径。为了调整模型使之与观测相符，越来越多的微小修正被添加进来②，但最终——经过一千多年——还是不得不放弃它。

明察秋毫的玛雅人

德累斯顿抄本（Dresden Codex）是一部玛雅文献，诞生于11世纪或12世纪的南美洲。它以惊人的准确性记录了之前三四百年对月亮和金星的观测。对玛雅人来说，金星是重要性仅次于太阳的天体。玛雅人似乎还察觉到了位于猎户座中心的弥散星云：它在传说故事中占据重要位置，被表现为冒着浓烟的火炉。他们是已知唯一没用望远镜就发现猎户座这一特征的文明。

德累斯顿抄本

---

① 这些绕地球的大圆轨道称为"均轮"（deferent），但地球不在均轮的圆心。
② 在初始本轮的基础上不断叠加本轮，这种修正办法在后世会显现极其深刻的数理意义。

从黑暗走向光明

随着古希腊世界的沦落，天文学步入了它自己的黑暗时代。古罗马时代没有伟大的天文学家，天文学亦进展甚微，直到阿拉伯科学兴起以及哈里发马蒙（al-Ma'mun）在公元813年奠定巴格达天文学派的基础。

在欧洲和北非凡善可陈之时，印度天文学家正在进行和记录观测，他们的成果后来会融入阿拉伯天文学。最早论及星辰的印度文献是《吠陀天文支》（*Vedanga Jyotisa*）[1]，其年代在公元前1200年左右，但它与其说是天文学著作，不如说是占星术作品，而且主要是用于宗教。公元476年到550年间完成的《阿耶波多历数书》（*Aryabhatiya*）[2]是在印度流传的第一

婆罗摩笈多（Brahmagupta，598—668）

印度数学家婆罗摩笈多生于印度西北拉贾斯坦邦的宾马尔城。他是乌贾因天文台的台长，撰写过四部关于数学和天文学的文献，其中一部首次对数字零做了论述。婆罗摩笈多提出大地绕其轴自转，论证了月亮不比太阳离地更远，还主张大地是球形而不是平坦的。有批评之论以为若大地是一个球则万物都会跌落，为了反驳，他描述过类似引力的东西（见下面的引文）。他给出了计算天体位置和预报交食的方法。正是通过婆罗摩笈多的著作，阿拉伯天文学家学到了印度天文学。公元770年，应哈里发曼苏尔（al-Mansur）邀请，自乌贾因前来的坎卡（Kankah）用婆罗摩笈多的《增订婆罗门历数全书》（*Brahamasphutasiddhanta*）阐释天文学。

> 一切重物都被吸引向地心……大地各面皆同，地上人皆正立，而一切重物循自然之法坠地，因为吸引并保有诸物乃是土之本性，如同流溢为水之本性，燃烧为火之本性，而吹动为风之本性……大地乃唯一低下之物，而种子总会回归大地，不管你向任何方向抛洒种子，它们永远不会离地上升。
>
> ——婆罗摩笈多，《增订婆罗门历数全书》，628

---

① "吠陀支"（vedanga）是对"吠陀"（veda，意译为"明论"或"知论"）的补充。
② 公元10世纪左右也有一位名为阿耶波多（Aryabhata）的印度学者著过一部《阿耶历数书》（*Arya-Siddhanta*），"悉檀多"（siddhanta）为历法总名。

部真正的天文学文献。它影响了后来的阿拉伯作者，首次将子夜设为一天之始①。它提出了世界绕其轴自转，这是星辰看起来做巡天运动的原因，还陈述了月亮发光是反射来自太阳的光。

阿拉伯天文学

是阿拉伯天文学家首次坚持将数学应用于恒星和行星的运动。驱动伊斯兰天文学家的是对可靠历法的需要，他们需要为晨礼、晌礼、晡礼、昏礼和宵礼五功拜准确授时，还要能在任何位置确定圣城麦加的方向。他们靠

适时礼拜的需求驱动了阿拉伯历法和天文学的发展

天的帮助来完成这些任务，《古兰经》的经文提示用星辰来导向："是他命星辰为你引路，使你在陆地和大海上的暗夜中可以有方向。"《古兰经》还鼓励相信经验数据和感性证据，而古希腊思想家则更强调理性。《古兰经》对观察、推理和沉思的禁令催生了科学方法的一种近似。

伊斯兰教通常反对用占星术来做预测。先知穆罕默德的儿子去世时发生了一次日食，他劝阻目击者得出关于真主的结论，他说"交食是一种自然现象，无关乎人之生死"。这使阿拉伯天文学有别于古印度和古代中国的传统，此二者皆利用天文学为占星术和预知未来服务。

约公元700年到825年，大多数阿拉伯天文学家专注于消化和翻译来自古希腊、古印度以及前伊斯兰的波斯（萨珊王朝）的天文学著作。他们自己的新工作大致始于哈里发马蒙在巴格达建立智慧宫（House of Wisdom）之时。纸在公元8世纪从中国传到伊拉克，远早于传到欧洲，这使得收集和传播知识特别容易，从公元825年直到1258年蒙古人洗劫巴格达，智慧宫都是世界的智识中心。

第一部重要的原创穆斯林天文学著作是花拉子米（Muhammed ibn Musa al-Khwarizimi②，约780—约850）在公元830年撰写的《印度历数书》（*Zij al-Sindh*）③。它录有日月及五个已知行星的运动表。花拉子米主要是作为一

---

① 中国传统历法自有完整记载起（始于西汉《太初历》）亦是以夜半为一天之始。
② Muhammed ibn Musa al-Khwarizimi 意为"来自花拉子模的穆萨之子，穆罕默德"。
③ 阿拉伯的"积尺"（zji）与印度的"悉檀多"差不多。

阿拉伯的北天星图，1275

位数学家被人铭记（其名的拉丁化形式Algoritmi是"算法"[algorithm]这个术语的词源），而阿拉伯在数学方面的进步无疑有助于他们的天文学研究。他还改良了日晷，发明了量角象限仪。大约公元825年到835年间的某个时候，哈西卜（Habash al-Hasib al-Marwazi）完成了《天体与距离之书》（*The Book of Bodies and Distances*），给出了一些天文距离的改正估计。他给出的月球直径为3037千米（实为3470千米），给出的地月距离为346 344千米（实为384 402千米）。公元964年，波斯天文学家苏菲（Abd al-Rahman al-Sufi）记录了对恒星的观测并为之绘图，给出了它们的位置、大小、亮度和颜色。苏菲在书里首次描述了仙女座星系（Andromeda galaxy）并画出了它的星图。1006年，埃及天文学家里德万（Ali ibn Ridwan, 988—1061）描述了有历史记载以来最亮的超新星，他说这颗超新星有金星的二到三倍大，其亮度是月亮的四分之一。中国、伊拉克、日本、瑞士的天文学家，或许还有北美洲的土著，也曾描述过这颗超新星。

阿拉伯天文学家可以取得的进步严重受限于他们确信地球是天体系统的中心且无穷无尽是不可能的。然而，沙基尔（Ja'far Muhammad ibn Musa ibn Shakir）在公元9世纪提出天体与尘世万物遵循同样的物理规律（与古人信念相反），而11世纪的海什木（见第3、4页和第38、39页）第一次尝试将实验方法应用于天文学。他用专门的仪器来测试月亮如何反射太阳光，改变设备的设置并记录效果。他提出天空的介质不如空气致密，还驳斥了亚里士多德以银河为上层大气现象的观点。通过测量银河的视差，他推断出银河距离地球非常远。比鲁尼（见第4页）在同一世纪发现银河是由星辰组成的。海什木还将引力表述为"将万物引向地心的吸引"，他说引力存在于天体和天球之内（仍然要借助古希腊的宇宙模型）。海什木提出地球绕其轴自转，印度的婆罗摩笈多先前提出过这个观念。1030年，比鲁尼在评注婆罗摩笈多的著作时发现地球自转不存在数学上的困难。

如同伊斯兰科学的其他门类，天文方面的缜密探究若被当作意欲窥测真主所思就不见容于伊斯兰教。从8世纪到12世纪，阿拉伯学者做出的最重大贡献或许是改进了天文仪器和发展了数学。这些成果为文艺复兴时期的欧洲天文学家重写天空之书铺平了道路。

蟹状星云源于天文学家在1054年目击的一次超新星事件

耀眼的客星

1054年7月，有一颗在天空闪耀的星，亮度之大以致其白昼可见的状态持续了23天。中国天文学家以"客星"指谓这颗位于金牛座的星，据记载分析其亮度有金星的四倍。这颗星的昼夜可见维持了653天[1]。日本诗人藤原定家（Sadiae Fujiwara）也写过这颗星[2]，它还被记录在北美土著阿纳萨齐人和明布雷斯人的陶器上。这颗"客星"是产生蟹状星云（Crab nebula）的超新星。这颗新星在夜空中消失后，近七百年未再现身，直至英格兰医生兼天文学家约翰·贝维斯（John Bevis, 1695—1771）在1731年用望远镜发现了它的遗迹星云。

重新让地球动起来

自阿里斯塔克首次提出地球绕太阳运行（见第153页）近两千年之后，这个观念重现世间。在基督教世界，这是一个危险的命题，因为教会的教义

> 上帝，当他创世之时，随心所欲地推动各个天球，而在推动天球的过程中，他赋予天球自行运转之动势，以致不必再推动它们……他赋予天体的那些动势之后不会减少或损失，因为天体没有其他运动的倾向。也没有阻碍来减损或抑制那种动势。
>
> ——14世纪的法国哲学家让·布里丹（见第69页）

---

① 即"天关客星"，《宋会要·瑞异》记载："[宋仁宗]嘉祐元年三月，司天监言：客星没，客去之兆也。初，[宋仁宗]至和元年五月，晨出东方，守天关，昼见如太白，芒角四出，色赤白，凡见二十三日。"
② 出自藤原定家的《明月记》，该书还记有1006年在豺狼座爆发的超新星（"周伯星"）和1181年爆发的超新星（"传舍客星"）。

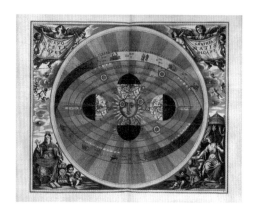

行星绕日运转的哥白尼太阳系模型

哥白尼

是诸天完美而永恒，人乃居于上帝计划中心的造物之巅。那么，地球怎么可以屈居绕日运行之地位？这个观念是异端邪说，一出现就会招致麻烦。

托勒密的模型存在问题，首当其冲者乃地球拉住月球所需的轨道偏心太大，以至于月球有时候应比平常更靠近地球——事实上，这足以使月球看起来更大。这个难题以及其他让托勒密模型被怀疑的观测是德国数学家兼天文学家约翰内斯·穆勒（Johannes Muller, 1436—1476）在1496年揭示的，他以拉丁化的名称雷吉欧曼图斯（Regiomantus）而知名。敢于挑战托勒密模型之人是尼古拉·哥白尼（Nikolaj Kopernik），这位波兰天文学家没有为观测烦恼，而是将地球绕太阳运转而非反过来当作更简洁的解决方案。哥白尼特别厌恶被称为"匀速轮"（equants）的小圆或迷你轨道。在托勒密模型中，为了解释观测到的行星运动，需要让行星随这些匀速轮运转[①]。哥白尼想要的系统只有一个固定的宇宙中心。

虽然哥白尼在1510年左右就完成了自己对日心宇宙的思考，但他很谨慎，在他影响深远的著作《天球运行论》（*De Revolutionibus Orbium Coelestium/On the Revolution of the Celestial Spheres*）于1543年出版之前，只与几个人交流过这个思想。负责出版这本书的雷提库斯（Rheticus）只干到一半就不得不离开纽伦堡。这项工作转交给了一位路德会牧师安德烈

---

① 在托勒密的模型中，地球不在大圆轨道"均轮"的圆心，一般情况下与"匀速对称点"（equant point）关于"均轮"的圆心对称，天体相对于所在小圆轨道"本轮"的圆心做匀速圆周运动，而"本轮"的圆心在"均轮"上做圆周运动且相对于"匀速对称点"保持速率不变。所谓"匀速轮"，即以"匀速对称点"为圆心的轨道。

日益浩瀚的宇宙，逐渐渺小的地球

我等皆力求将自身置于万物之中央。毕竟，发现地球不在太阳系的中心会导致极大的不安。尽管如此，天文学家还是认为太阳系在宇宙中很重要。很久以后，天文学家认识到银河是一个星系，认为太阳近于银河系的中心，而银河系又在宇宙的中心——事实上就是宇宙。银河不过是一个包含亿万星辰的星系，宇宙尚有亿万星系，太阳系不是银河系的中心，银河系也不是宇宙的中心，这些发现进一步打击了人类以自我为中心的意识。毫无疑问，我们这种微不足道的存在只是在一颗微不足道的行星上，这颗恒星所在的普通恒星系不过是一个普通星系的一部分——一点儿也不特别。

银河

斯·奥赛安德尔（Andreas Osiander），他为这本书添了一个前言，说哥白尼的意思并非太阳真的在宇宙的中心，只是提出一个有助于解释观测的数学模型。这篇前言旨在平息来自教会的批评，但事实上天主教会没怎么注意到这部书，倒是路德会表示反对。这本书出版的那一年，哥白尼去世了，他或许从未见过印本。他的书基本上被忽视了，印刷的400本甚至没有卖完，但此后这部著作便被视为开创现代天文学和助推科学革命的文献。

固然优于托勒密的体系，哥白尼的模型还是有一些问题。诸恒星被认为是在最远行星之外一个看不见的天球上。然而，为了让这些恒星看起来不动，需要让它们离得非常远。这个构想对今天的我们来说没问题，但在16世纪会直接导致一个疑问，为何上帝会在最远的行星和诸恒星之间浪费这么多真空区域。还有一个难题是，若地球在运动，海洋为什么不到处泼溅，建筑物又为什么不被晃塌？另一方面，不同于托勒密模型，哥白尼模型解释观测到的行星运动未诉诸繁复的花招①。

哥白尼的解释将行星分为两组，比地球更靠近太阳的水星与金星，然后是更远的火星、木星和土星。（当时还不知道其他行星。）哥白尼还算出每个行星绕日运行一周要花多长时间以及诸行星到太阳的相对距离。这些数值与相对于地球公转轨道的行星分组相匹配，提供了有力的证据支持他的模型。

事事皆变

第谷·布拉赫

第谷·布拉赫有丰富多彩的一生，这位幼时被绑架到叔父家继嗣的贵族后来在一次决斗中失去了部分鼻子，此后就戴着一个金银合金的假鼻。他早年就痴迷于星辰，意识到任何预测必须以长期准确的观测为基础。1569年，他制作了一个巨大的象限仪，半径约为6米。其测量缘可在几分钟内校准，可进行非常精确的测量。第谷一直使用它，直到它在1574年毁于一场暴风雨。

1572年，第谷观察到仙后座有一颗看起来非常明亮的新星。因为诸天被认为是永恒不变的，这就令人颇为错愕，第谷着手逐月记录这颗新星的位置以确定它是否是一颗相对于诸恒星运动的彗星。他观测了18个月，其间这颗看似常规的星从亮逾金星到逐渐黯淡，但其位置并未改变。他在《论新星》（De Nova Stella）中发表了自己的记录，给出了一个新的天文术语——新星（nova）。第谷研究了自己的数据，若地球绕日运行，这就是预期视差的证据。视差是从两个不同的观测位置去看一颗近邻恒星相对于更远诸恒星背景的视位置变化。由于没发现视差，第谷认为自己的观测证伪了哥白尼的日心模型。

遍试所有科学途径之后，第谷仍然主张诸天之上的事件预兆了尘世间

① 实际上，哥白尼在处理具体天体运动时，仍然要引入均轮、本轮和偏心轮之类的概念。

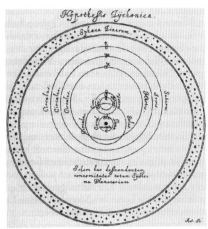

第谷·布拉赫的天文论著[1]
展示了他的太阳系模型

的重大变迁，还认为是天象造成了当时如火如荼的宗教战争。

他也不赞同地球在运动。他主张，如果地球在太空中穿行，从塔上掉落的一块石头，其落点会离塔底有一段距离，因为地球已然移动，将石头留在后面。当然，这在1640年被伽桑狄驳斥了（见第74、75页）。

几年后，第谷在1577年又做了另一个判定地球是否运动的观测，这次是关于一颗彗星。他的观测揭示了彗星不可能是一种局域的现象，彗星的运动不可能离地球非常近，甚至比月球更近。反之，它的运动一定在行星之间。这意味着，古希腊那种承载行星和恒星的水晶球观念[2]已被抛弃，因为彗星的运动会撞破它们。在某种意义上，这几乎与新星的概念一样具有革命性。

1587年到1588年，第谷出版了他的著作，阐述自己的宇宙模型。这是一个混合体，保留了托勒密那个在宇宙中心静止的地球，但让其余行星绕太阳运行，而太阳自己绕地球运转。

使托勒密模型有效所需的"均轮"和"本轮"被废除了。不过，最重要的是，水晶球的观念被抛弃了，第一次让行星无所支撑地悬在太空。

---

① 两卷本《新天文学导论》（*Astronomiæ instavratæ progymnasmata*）。

② 即以太构成的天球实体。

约翰内斯·开普勒

比第谷年轻一点的约翰内斯·开普勒（Johannes Kepler, 1571—1630）是另一位天文学巨擘，但他被迫采取一条不同的途径。开普勒对天文学的热忱是在幼年被激发的，当时他的母亲将他带到一处高地观看1577大彗星（Great Comet of 1577，促使第谷研究彗星的同一颗）。然而，由于天花导致的视力衰弱，开普勒不能亲身进行天文观测。他转而将数学应用于对星辰的研究。开普勒接受的是神学职业教育，但他在德国①图宾根修习的课程包括了他擅长的数学和天文学。他的导师迈克尔·梅斯特林（Michael Maestlin）正式教授的是托勒密模型，但私下给包括开普勒在内的学生介绍了自己偏爱的哥白尼天文学。

开普勒并没有财富自由，他挣外快的路子之一是制作命理天宫图（horoscopes）。不像第谷那样将天地之间的关联当真，开普勒认为命理天宫图纯属垃圾，背地里将他的顾客称为"脑满肠肥"。但是，这的确带来了所需的收入，使他受益。

开普勒在1597年发表了他自己的宇宙模型，将哥白尼的东西和颇为玄妙的古希腊自然哲学怪诞地融为一体②。开普勒提出，6颗行星（包括地球）占据的轨道由一组天球来定义，这组天球嵌套在欧氏几何的5个立体③内外。这本身并没有特别的意义，重要的是他提出了一个设想：驱动行星的是太阳发散出的一种"精气"（vigour），它的作用会随着到太阳距离的增加而衰减。这是首次将自然力当作行星运动的根源，除非我们坚持行星是被天使推动的。

在布拉格交班的天文学家

1597年，第谷迁往布拉格，成为波西米亚国王兼神圣罗马帝国皇帝鲁道夫二世（Rudolph Ⅱ）的御前天文学家。1600年，就是在那里，开普勒第一次与第谷会面。当时第谷积累了大量数据，但他没有足够的数学技巧来最大限度地利用数据。开普勒则是有数学才能而无要处理的数据。这貌似一个完美的组合，但两人的关系并不融洽。造访第谷后，开普勒返回了

---

① 准确地讲，是德意志地区，1871 年之前没有统一的德国。
② 见于开普勒的《宇宙的奥秘》（*Mysterium Cosmographicum*）。
③ 即正四面体、正六面体（立方体）、正八面体、正十二面体和正二十面体5个柏拉图立体。

自己在奥地利格拉茨的家，在此期间第谷可能从鲁道夫皇帝那里为开普勒的研究谋取资助。在拿下资助前，开普勒和其他路德会的教徒因拒绝改宗天主教被逐出了格拉茨，他最后沦为难民，逃入鲁道夫皇帝的宫廷。鲁道夫皇帝最终为开普勒的职位提供了所需的财政支持，开普勒的职责包括协助第谷汇编行星运动的新观测资料。这些观测资料将构成所谓《鲁道夫星表》（*Rudolphine tables*）的基础。第谷零散地向开普勒提供自己珍视的数据，不愿倾囊相授，但到1601年底，第谷病倒了，显然不久于人世。在临终的病榻前，第谷将宝贵的数据、仪器和编纂《鲁道夫星表》的任务遗赠给开普勒。几周之内，开普勒升任神圣罗马帝国皇帝的御前数学家，执掌欧洲最精良的天文设备——距离他狼狈逃到布拉格避难仅过了一年多一点儿。

御前数学家的职责包括为鲁道夫皇帝提供占星服务，所以开普勒不得不花很多时间来干这些他心知肚明的无聊勾当。即便如此，在余下的时间里，开普勒还是可以进行他的计算，这些计算使他获得了最重要的发现：每颗行星都遵循椭圆路径绕日运行，太阳位于椭圆的一个焦点处，而行星越靠近太阳运动得越快[1]。开普勒的发现并未使他一夜成名，这些发现事实上影响较小。许多人仍不接受地球不在宇宙的中心。直到伊萨克·牛顿接受了开普勒的工作并用引力解释了行星轨道为何是椭圆，其发现的意义才真正显现出来。

宗教的纷争动荡与个人的颠沛流离阻碍了开普勒的工作。他的妻子去世后（他后来再婚），他的母亲又因施巫术而受审，尽管在监禁数月后就被无罪释放了。

1618年，他得到了第三定律也是最后一个定律，这个定律说的是行星绕日公转周期的平方正比于其到太阳距离[2]的立方。例如，火星到太阳的距离是地日距离的1.52倍，而它的轨道周期是1.88个地球年：$1.52^3 \approx 3.53 \approx 1.88^2$。《鲁道夫星表》最终出版于1627年，它是第一部现代天文星表。这个星表用到了新发现的对数，这是苏格兰数学家兼天文学家约翰·纳皮尔（John Napier, 1550—1617）发展出来的，可以用来确定行星在过去或未来任意时刻的位置。

---

[1] 即开普勒第一定律和第二定律。

[2] 椭圆轨道半长轴。

不可见变得可见

第谷·布拉赫是在没有望远镜的情况下工作的，他用罗盘和象限仪测量恒星和行星的方位，而开普勒自1610年有了可以使用的望远镜——伽利略给他寄了一台，使他能够确证伽利略自己的观测。对天文学家来说，世界——事实上是宇宙——因望远镜的发明而改变。恒星与行星之间的差异突然变得可见了。一些行星被发现拥有自己的卫星，它们或许别有洞天的可能性出现了。银河被分解为群星的聚集，星辰真正变得不可胜数。

第一台天文望远镜是列昂纳德·迪格斯（Leonard Digges, 1520—1559）于16世纪50年代初在英格兰制作的，但并未引起公众注意，直到他去世12年后，其子托马斯·迪格斯（Thomas Digges, 1546—1595）于1571年出版了他关于望远镜的著作。父亲列昂纳德去世时，托马斯只有13岁，他

19世纪的天文学家使用光学望远镜

被送入约翰·迪伊（John Dee, 1527—1609）门下接受照顾和教导，后者身兼数学家、哲学家、炼金术士和女王伊丽莎白一世（Elizabeth I）的御前占星家。这给了托马斯出入迪伊那宏伟藏书室的便利，他在那里读到了哥白尼的著作。1576年，托马斯出版了自己最重要的作品，即对其父《永恒的预言》（*Prognostication Everlasting*）的修订。他不仅为哥白尼的日心宇宙模型做了补充，还阐述了自己的宇宙无限论。托马斯·迪格斯抛弃了诸恒星在遥远天球上的观念，提出恒星永存于无限

的空间。他没有为这
一理论举出证据，但
他很可能使用望远镜并
意识到银河是群星的聚集从而得出
这个结论。因为迪格斯出版的书是用英
文而非拉丁文，他的观念可被更多
的人理解，哥白尼的模型由此流传
开来。

18世纪中叶的消色差
望远镜（左）和牛顿反
射式望远镜（1672）
的复制品（右）

　　然而，大约在同一时期，天主教会
开始注意到日心宇宙观念潜在的异端性。他们的
敌视似乎来源于该模型得到了乔达诺·布鲁诺
（Giordano Bruno）的支持，后者在1600年因异教
之罪被处以火刑。布鲁诺追随的宗教运动叫赫尔
墨斯主义（Hermetism），基于古埃及的信仰，即太阳神应该被崇拜。他自
然倾心于以太阳为中心的宇宙模型。他对哥白尼模型的宣扬引起了教会的
注意，但他因宣扬哥白尼模型而被烧死的流传说法并无根据。他被判有罪
其实是因为笃信基督乃上帝所造而非上帝（阿里乌斯主义）[1]和施行巫术。
然而，布鲁诺对日心模型的支持增长了教会对它的敌意，还波及迪格斯的
宇宙无限论。尽管布鲁诺的宗教思想相当古怪，但他作为一位天文学家的洞
察力仍遥遥领先于他的时代。他提出，遥远的恒星可能正如我们的太阳，它
们可能各有各的世界，甚至可能有与人类同光的存在以这些世界为家。[2]

伽利略，宇宙之主宰

　　望远镜最伟大的早期使用者无疑是伽利略。1604年，伽利略将他的
注意力转向天文学，研究开普勒观测过的超新星。他确认这颗星没有移
动故而肯定如其他恒星那样遥远。伽利略制作了他自己的望远镜，这些

---

[1] 即反对天主教、东正教和宗教改革后的新教共同尊奉的正统教义"三位一体"（trinitas）。
[2] 见布鲁诺的《论无限、宇宙与诸世界》（De l'infinito, universo et mondi）。

太空中的伽利略

1989年，NASA发射了一个以伽利略命名的航天器，它在1995年进入绕木星的轨道。伽利略号航天器在途中穿过了小行星带，它在那里发现了一颗叫达科特（Dactyl）的微型卫星在绕小行星艾达（Ida）的轨道上。1994年，伽利略号拍摄到彗星苏梅克－列维9号（Shoemaker-Levy 9）撞击木星后的碎片。在被木星大气摧毁之前，一个被释放到木星大气层的探测器记录到风速约720千米/小时。伽利略号绕轨34周，主要任务是记录这颗行星及其卫星的数据。这架航天器的任务期被延长，它调查了遍布火山的木卫伊娥（Io）和冰封的木卫伽尼梅德（Ganymede）。2003年，伽利略号受控坠入木星大气焚毁。

有56千米长的小行星艾达及其只有1.6千米长的微型卫星达科特

望远镜的能力在当时非常强大。1610年，他有了一台放大倍率为30的望远镜，让他首次观察到了最亮的4颗木卫（现在称为"伽利略卫星"Galilean moons）。（最大的木卫现在叫伽尼梅德，据说是中国天文学家甘德在公元前364年用肉眼发现的[①]。）起初，伽利略认为它们属于靠近木星的"诸恒星"（fixed stars），但反复观测显示它们在运动。当一颗木卫消失时，伽利略意识到这是它运动到木星背后，故而它肯定在绕着这颗行星运转。这些木卫是第一批被确认绕太阳或地球之外某物运行的天体，给当时的宇宙学造成了巨大的冲击。在1892年之前再没发现更多的木卫，不过现在已知有63颗卫星在相对稳定的轨道上绕木星运行，或许还会发现更多的小卫星。

也是在1610年，伽利略观察到金星相（类似月相[②]）。这令人信服地证实了行星必定绕日运行且相之变化是由于在轨运行的各阶段太阳照亮该天体

---

① 《开元占经·岁星占》载"甘氏曰：单阏之岁，摄提格在卯，岁星在子，与虚、危晨出夕入，其状甚大，有光，若有小赤星附于其侧，是谓同盟"，这里附于"岁星"（木星）之侧的"小赤星"可能就是木卫三甘尼梅德，而肉眼观察到木卫的可能性是中国当代天文学家席泽宗在1981年证实的。

② 即"月有阴晴圆缺"，中国古人利用月的盈亏来确定一月的时间（从朔到晦）。

> **1610年的畅销书**
>
> 1610年3月13日，伽利略给在佛罗伦萨的大公府①寄了《星际信使》的预印本。到3月19日，印刷的550本已销售一空。这本书随即被翻译成多种语言，五年之内，它甚至有了中文版②！

的不同部位。因此，在17世纪初，大多数天文学家从拥护托勒密模型转向支持以太阳为中心的宇宙模型。

这还不是全部。伽利略亦观察到土星环，尽管他搞不清楚它们是什么。他意识到银河其实是大量星辰的聚集，看到了月球上有陨坑和山脉，观察到太阳黑子，还区分了行星和恒星。他说恒星是遥远的太阳，并基于相对亮度估算了它们到地球的距离。虽然他认为最近的恒星到地球的距离只有地日距离的几百倍且那些望远镜可见的恒星到地球的距离只有地日距离的几千倍（当然远小于实际距离），

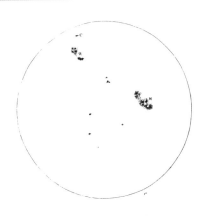

伽利略在1612年用自己的望远镜冒险观察到的太阳黑子图示

但这些数值还是嘲弄了反对哥白尼模型的论点，即恒星不可能非常遥远。他也弄清了恒星并非全都在一个固定的距离上，而是遍布整个太空。在1610年出版的《星际信使》（*Sidereus Nuncius/Starry Messenger*）中，他说，通过望远镜观看，行星状如圆盘，而恒星仍是光点。他观察到了海王星，但没有意识到它是一颗行星。伽利略甚至确认了太阳黑子，这也被德国天文学家约翰·法布里修斯（Johann Fabricius, 1587—1616）和英格兰天文学家托马斯·哈利奥特（Thomas Harriot, 1560—1621）看到了，从而推断太阳自转周期为25天。这些太阳黑子对伽利略本身的意义比发现它们更重大。

与上帝交锋

伽利略的观测为拥护哥白尼模型的日心体系和运动地球提供了充分证

---

① 属托斯卡纳大公国（Granducato di Toscana）。
② 明末来华的葡萄牙耶稣会士阳玛诺（Emmanuel Diaz Junior, 1574—1659）所著《天问略》。

教宗保禄五世（Paul V, 1552—1621）

据，但伽利略害怕公众对这个模型的支持，他的担忧无疑源自乔达诺·布鲁诺的下场。起初，教会对伽利略的发现很感兴趣甚至很热衷。他于1611年觐见了教宗保禄五世，耶稣会①下属的一个委员会认可了他的发现，即银河是大量星辰的聚集，土星周边有一圈奇怪的卵状凸起（它们没被确认为环），月球表面凹凸不平，木星有4颗卫星，以及金星有相的变化。这个委员会没有评论这些发现的含义。在罗马觐见教宗期间，伽利略成为世界上第一批科学社团之一猞猁学院的院士，在一次宴会上，为了向他致敬，"望远镜"（telescope）这个名称第一次用于这种新天文仪器。

不过，伽利略与教会的良好关系并未持续下去。他写了一本论太阳黑子的小册子②，其中有他公开支持哥白尼模型的唯一论述。这就引起了教会的注意，当他于1615年重访罗马，教廷启动了对哥白尼式信仰的审查，结论是那些信仰"愚蠢而荒谬……是典型的异端"。不久之后，伽利略被告知不得坚持、捍卫或教授哥白尼式信仰，如若不从，他将面临宗教审判。最初，他听从了警告。1629年，他撰写了《关于两大世界体系的对话》，以两大体系维护者之间一场虚构对话的形式陈述了哥白尼和托勒密的模型。他出版这本书得到了教会的批准，前提是他不得偏袒哥白尼学说。教廷的审查官坚决要求在前言和结语中表明哥白尼的观点是作为一种假说给出的，伽利略可以改变措辞，但不得改变这个意思。伽利略对前言做了修改，而书中支持托勒密模型的角色叫辛普里丘（Simplicio），显然是个蠢

---

① 耶稣会（Society of Jesus）是天主教廷为应对西欧各地宗教改革而设立的修会，其成员（S.J.）一般是教会大学或神学院的学者。

② 即《关于太阳黑子的书信集》（*Lettere sulle macchie solari*）。

不知时变

伽利略的《关于两大世界体系的对话》和哥白尼的《天球运行论》一直在天主教会的禁书目录里，即便是针对日心说书籍的全面禁令在1758年被解除之后。迟至1820年，教会的审查官仍然拒绝批准一本将日心体系当作既成事实的书。针对该结果的申诉推翻了审查决定，伽利略和哥白尼的书在1835年的新版禁书目录中被移除了。天主教会最终为惩处伽利略道了歉——但这要等到2000年。教宗若望·保禄二世（John Paul Ⅱ）提及教会在过去两千年里犯下包括审判伽利略在内的诸多错误，这个认错来得相当迟。

货①，这个情况导致教宗乌尔班八世（Urban Ⅷ）相信伽利略是在消遣他并宣扬哥白尼学说。伽利略因异端之嫌被传唤到罗马接受审判——指控是"将某些人传授的太阳是世界中心这样的虚假教义奉为真理"。伽利略被说服认罪以避免宗教审判和可能的刑讯。他承认自己为哥白尼学说辩护过于妄为。

对伽利略的惩处是终身监禁，最终执行的形式是在自家软禁，自1634年起一直到他与世长辞的1642年。

在他生命的最后岁月，伽利略写出了自己最了不起的著作《关于两门新科学的谈话和数学证明》。

这是第一部现代科学教材，它阐明了科学方法，还为之前仅用哲学手段来处理的现象给出了数学或物理解释。1638年，这部书稿从意大利偷运出来送到荷兰莱顿出版。它在意大利之外的各个地区广为流传，影响甚大。

但它就是在转动

据说，伽利略在声明放弃地球绕日运行的信念之后，嘟囔道"但它就是在转动"（eppur si muove）。这句话的出处最早见于伽利略去世一个世纪之后，在宗教裁判所的庭审上，他不太可能做这么挑衅的举动。

---

① 公元6世纪，新柏拉图学派有一位评注过亚里士多德作品的哲学家辛普里丘（Simplicius of Cilicia, 约490—约560），而Simplicio恰好与意大利文中的sempliciotto（"蠢货"）谐音。

为诸天编目

　　望远镜的发展使天文学家能绘制准确得多的星图。法兰西科学院治下已然设立了一座国立天文台，与之竞争的伦敦王家学会迫切需要在英国建立一座天文台。1675年，王家天文台（Royal Observatory）在格林尼治落成，约翰·弗拉姆斯蒂德（John Flamsteed, 1646—1719）就职首任王家天文学家（不过当时的职衔叫"天文观测员"）。不久，弗拉姆斯蒂德与年轻的埃德蒙·哈雷（Edmund Halley, 1656—1742）通信，后者当时在牛津，已然是一位敏锐的天文学家——他带了一台长度超过7米的望远镜去牛津大学。哈雷首次致信弗拉姆斯蒂德建议修正当时行用的星表，很快就几近于弗拉姆斯蒂德的一位门生。弗拉姆斯蒂德正在编制新的北天星表。哈雷提议对南天恒星开展一项平行研究，不久就获得王室批准。哈雷的父亲资助了这个项目，他给儿子的津贴三倍于弗拉姆斯蒂德提供的王家薪俸。

所见愈多

　　随着望远镜的能力不断提升，天文学家可以揭示越来越多令早期科学家困惑的奥秘。伽利略已发现了土星的"耳朵"，随后它就奇怪地消失了几年。1655年，克里斯蒂安·惠更斯开始与他的兄弟康斯坦丁（Constantijn Huygens Jr.）合作改进望远镜的设计以防色差——成像周边的彩色条纹。然后他将自己放大倍率为50的望远镜指向了土星。1652年，他发现了土星的最大卫星泰坦（Titan），又在4年后看到伽利略曾见过的土星"耳朵"其实是一个环："……这颗行星的周围是一个又薄又平的环，它与土星无接触且向黄道倾斜。"不过，还不清楚这个环的构成是什么。最初天文学家认为它是固体或液体，但到1675年，乔凡尼·卡西尼（见第57页）发现环系中有一条缝。1855年，解决土星环本质被定为剑桥大学当年亚当论文奖（Adam's Prize Essay）的主题。获奖者为詹姆斯·克拉克·麦克斯韦，他论证了一堆微小固体颗粒在轨运行是唯一的可能，因为其余任何情况都是不稳定的；这个系统看似一个连续的块体是因土星到地球的距离所致。1895年，光谱技术的运用证实麦克斯韦是正确的。

金星凌日

在卡西尼之前，英格兰天文学家杰里米亚·霍罗克斯（Jeremiah Horrocks，1618—1641）提出，在地球上不同位置对金星凌日——金星经过太阳表面——精确计时就有可能计算出地日距离。在去世前两年，霍罗克斯本人于1639年观测过一次金星凌日。下一次金星凌日在1761年，再下一次是在1769年。哈雷推广了三角测量法，用三角测量法算出所谓1个天文单位（astronomical unit, AU）的地日距离，就可以度量当时所知太阳系的大小。三角测量法是通过测量某物相对于距离已知的两定点的方位角来计算它的位置。这种方法在历史上被用来测量建筑物乃至山岳的高度[①]。

下一次金星凌日在哈雷去世19年后，所以要留待他人来把哈雷的想法付诸实践。随着日期邻近，天文学家们着手环游世界来为之计时。金星凌日固然很难准确可靠地测量，但把从全球不同位置取得的几个不同测量结果综合到一起，他们就得到数值约为1.53亿千米的地日距离，与今天公认的数值1.50亿千米相去无几。到18世纪末，当时的天文学家对太阳系的大小有了一个切实的观念。这为现代天文学奠定了基础，那些最遥远的天体会在其中占据重要地位。

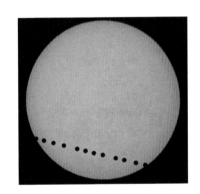

在金星凌日的过程中，这颗行星看似一个在太阳前面经过的小黑斑

遥不可及

卡西尼最著名的工作是研究行星间的距离和太阳的大小。在此之前，只有阿里斯塔克于公元前280年估算了地日距离（见第153页）。哥白尼的工作使判断各行星与太阳的距离之比成为可能，但没有用来计算绝对距离的数据。一个完美的机遇出现在1671年，彼时太阳、地球和火星排成一

[①] 类似于中国古代的"重差勾股术"（详见刘徽的《海岛算经》）。

太阳、地球和火星排成一线给了17世纪的天文学家一个计算太阳大小和地日距离的良机

线，而地球与火星的距离达到最小。巴黎天文台在那一年开张，作为台长的卡西尼委派一位同僚让·里彻（Jean Richer）前往南美洲的卡宴进行观测，而他本人则在巴黎观测。当时的法王正是太阳王路易十四（Louis XIV），这个项目得到了王室的批准。已知巴黎与卡宴相距10 000千米，卡西尼用三角学算出了火星到地球的距离，然后应用开普勒行星运动定律推断出地日距离为1.38亿千米。这只比当前公认数值约1.50亿千米少8%。进一步的计算揭示了太阳的大小是地球的110倍。在牛顿出版《原理》表述引力之后，太阳的质量约为地球的330 000倍就很清楚了。

让彗星归位

　　哈雷和牛顿的友谊以解释彗星运动的形式结出硕果。在《原理》中，牛顿揭示了如何从两个月内观测到的三个位置算出一颗彗星的路径，还汇编了23颗彗星的数据。不过，他假定彗星沿一条抛物线路径，来自太阳系外，绕过太阳，再飞回外太空——这种彗星现在被认为是非周期彗星。牛顿懒得计算彗星的数据，将之交付哈雷。哈雷也认为彗星的路径是抛物线，直至他注意到1607年的彗星（开普勒观测过的）与他自己在1682年见过的彗星非常相似。后来，他发现这颗彗星的路径还与1531年所见之彗星匹配，并推断这三次所见都是同一颗彗星，它并不沿抛物线路径，而是遵循一条非常扁的椭圆轨道绕日运行。哈雷算出了这颗彗星具有76年的回归周期，预言同一颗彗星会在1758年再次出现。

第一张哈雷彗星过境的照片，1910

　　哈雷去世16年后，这颗彗星——现在称为哈雷彗星（Halley's comet）——于1758年的圣诞节如期复临。

历史上的哈雷彗星

　　哈雷彗星或许早在公元前467年或466年就被古希腊人和古代中国人记录了。五百年来，当彗星落入天空，

作为催化剂的哈雷

1684年，哈雷到剑桥拜访了牛顿，两人谈论了资深天文学家们已经探讨过一段时间的一个观念——反比平方律与维持行星在轨的引力之间的关系。同年一月，哈雷已经与罗伯特·胡克和克里斯多弗·雷恩（见第7页）探讨过这个问题。哈雷询问牛顿，如果行星与太阳之间的力和两者距离的平方成反比，那行星的轨道是什么样的。牛顿答道，他已计算过，行星轨道会是一个椭圆。这次会谈的结果是牛顿随后出版了《自然哲学之数学原理》，最终公布了他已耕耘多年的工作。这是有史以来最重要的科学文献。

埃德蒙·哈雷

缓缓而归

牛顿的1680大彗星（Great Comet of 1680）是第一颗用望远镜观察到的彗星。它被认为将在11037年左右回归。牛顿用自己对这颗彗星路径的测量检验开普勒定律。

牛顿1680大彗星轨道的示意图显示了它的椭圆路径

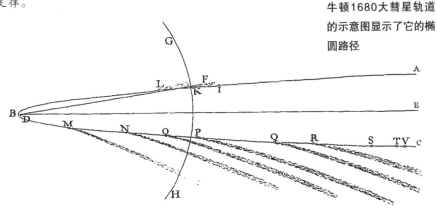

贝叶挂毯展现了1066年出现的哈雷彗星，当时它被看作一个征兆

大小如"马车载荷"的大气现象不断引发古希腊人的好奇与关注。最早确切记录哈雷彗星的是中国人，记录的是公元前240年出现的那一次。下一次出现是在公元前164年，记录在一块巴比伦泥板上。在描绘提格兰大王（Tigranes the Great）的亚美尼亚钱币上，他的王冠似乎刻画有哈雷彗星，记录的是公元前87年出现的那一次。公元837年，哈雷彗星距地球最近只有0.03天文单位（1天文单位约等于1.5亿千米），其彗尾可能在天上延伸了60°。哈雷彗星被画在贝叶挂毯（Bayeux tapestry）上，也可能被当作伯利恒之星（star of Bethlehem）[1]画在乔托（Giotto）的《麦琪朝圣》（*Adoration of the Magi*）上（也可能不是，因为哈雷彗星在公元前12年出现过）。

1910年出现的哈雷彗星非常壮观，其较近位置距地球有0.15天文单位。这是第一次对哈雷彗星拍照，对彗尾的研究用到了光谱学（通过研究气态物体生成的特征谱线图分析其化学组成的一种方法）。它的特征光谱显示其彗尾包含有毒的气态氰。这启发了天文学家卡米尔·弗拉马里翁（Camille Flammarion, 1842—1925）宣称彗尾扫过"可能会灭绝（地球上的）所有生命"。结果，公众被骗了不少钱，用来买防毒面具、"防彗星药丸"和"防彗星伞"。自不必说，地球上的生命都安然无恙。

1986年回归的哈雷彗星不仅在地球上被拍了照片，还有抵近勘察的乔托号（Giotto）和织女星号（Vega）两台空间探测器。探测显示，这颗彗星

---

[1] 《圣经》中兆示耶稣降世的圣诞星。

随彗星来，随彗星去

> 我随1835年的彗星来到世间。明年它将再次降临，我期望随它而去。若我未得随哈雷彗星而逝，那将是我这辈子最大的遗憾。全能的上帝无疑说了："现在这儿有两个莫明其妙的怪胎；他们一起到来，必定一起滚蛋。"
>
> ——《马克·吐温自传》，1909

马克·吐温（Mark Twain）生于1835年11月30日，就在两周前，哈雷彗星到达它距太阳最近的位置（近日点）。他去世于1910年4月21日，即这颗彗星复临近日点的次日。

的形状颇像花生，长为15千米，宽和厚为8千米，其彗发或大气层直径有100 000千米。彗发的形成是由于固态的一氧化碳和二氧化碳在彗星表面受太阳风作用变成气体（升华）。哈雷彗星曾被认为是由小块体松散结合而成的所谓沙砾堆。这些小块体作为一个整体约每52小时自转一周。那两台探测器测绘了约四分之一的彗星表面，发现了丘陵、山脉、山脊、洼地和一座陨坑。

光谱学——新的观测方法

19世纪末，出现了一种全新的观星方法，用一种叫"光谱学"（spectroscopy）的技术研究它们的光谱。当光经过一种气体，某些波长被吸收，留下一幅特征谱线图。每种气体都会生成它自己独有的光谱图。所以，分析一颗恒星发出的光，就有可能弄清它的化学组成。美国天文学家亨利·德雷珀（Henry Draper, 1837—1882）是天体摄影术的先驱，他在1872年首次拍摄了恒星光谱。他拍摄的织女星光谱

北冕座变星的光谱，1877

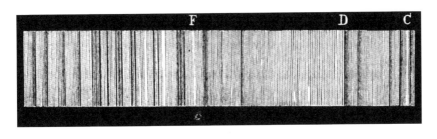

有分立的谱线。在1882年去世前，他拍了100多张恒星光谱照片。1885年，爱德华·皮克林（Edward Pickering）接下了接力棒，作为哈佛学院天文台（Harvard College Observatory）的台长，他开始督导将摄影光谱学大规模用于编制详细的星表。德雷珀的遗孀同意资助这项事业，最终将编成"亨利·德雷珀星表"（Henry Draper Catalogue）的宏大项目由此启动。该项目的第一部出版物《德雷珀光谱星表》（*Draper Catalogue of Stellar Spectra*）于1890年刊行，对10 351颗星做了分类。

皮克林对男性助手的能力感到失望，还宣称自己的女仆可以做得更好。皮克林的女仆是苏格兰妇女威廉明娜·弗莱明（Williamina Fleming, 1857—1911），她随其夫移民美国，却在怀孕时被遗弃。为了养活自己和儿子，她受雇于皮克林。弗莱明承担了编目和分类恒星的任务，她发展出了一套体系，根据它们的光谱中有多少氢，为之分配一个字母（含氢最多的用A）。9年之中，弗莱明编目了1万多颗星。她发现了59个气态星云、310多颗变星、10颗新星以及马头星云（Horsehead nebula）。皮克林让她负责一个庞大的妇女团队，她们被称为"计算者"（computers），是被皮克林雇来进行分类和编目恒星所必需的计算。（她们的报酬只有25～50美分/小时，低于当时秘书的薪资。）弗莱明以及团队里的其他妇女，包括亨利埃塔·斯旺·勒维特（Henrietta Swan Leavitt, 1868—1921）和亨利·德雷珀的侄女安东尼娅·莫里（Antonia Maury, 1866—1952），凭自身能力成了受尊敬的天文学家。

威廉明娜·弗莱明

另一位"皮克林的女人"（Pickering's women）是安妮·詹普·坎农（Annie Jump Cannon, 1863—1941），她改良了弗莱明的体系，引入了基于温度的恒星分类。与弗莱明不同，坎农拥有物理学的学位，在受雇皮克林之时已在从事天文学的研究。她因猩红热几近完全失

聪，然而正是她调和了莫里与弗莱明关于分类法的争论。坎农的新方法将恒星分为O、B、A、F、G、K和M（助记口诀是Oh, Be A Fine Guy/Girl, Kiss Me[①]），这套体系叫作"哈佛光谱分类法"（Harvard spectral classification scheme），至今仍在使用。

安妮·詹普·坎农

这套分类法的改进版叫"摩根–基南体系"（Morgan-Keenan system），为各个字母增补0到9的数字来细分微调，又增加I到V的罗马数字来表示光度，但坎农的体系仍然占据其核心位置。坎农后来接手了编制星表的项目。

　　有了这些增补，德雷珀星表得以记录并分类359 083颗星。坎农亲自分类了23万颗星，比之前所有天文学家做的总和还多。她是第一位获得牛津大学荣誉博士学位的妇女，也是第一位当选美国天文学会理事的女性。

窥视虚空

　　卡西尼在17世纪用于估算火星距离的三角测量法（见第175、176页）也可以用来巧妙地估算近邻恒星的距离。这意味着要用相隔六个月的地球位置——即在太阳两侧的位置——提供三角测量的基线。由于地日距离是1天文单位，这条基线长为2天文单位，这个距离大到足够精确测量所需。在此期间，一颗近邻恒星相对更远诸恒星背景的视位置会有所改变——这种方法叫视差法。

　　更早的惠更斯设法估算天狼星到地球的距离，靠的是比较它和太阳的亮度。他确定了，假如天狼星和太阳一样明亮，那它的距离会是地日距离的27 664倍。这是一项艰巨的任务，因为他不得不比较他在白天对太阳的观测和他在夜晚对天狼星的观测。

---

① 意为"哦，做个好姑娘，亲亲我"。

视差法

视差法是在两个不同位置观测一个物体算出到它的距离。对一颗恒星而言，要隔六个月拍摄天空两次。测量这颗恒星相对诸恒星背景的视运动距离，天文学家就能用三角测量法算出这颗星到地球的距离。

你要领会视差法的原理，就在自己面前竖起一支铅笔，先只用左眼看，然后只用右眼看。这支铅笔看起来相对背景移动了，因为双眼是在略有不同的位置观察它。

用一支铅笔尝试领会视差法原理

喜帕恰斯人造卫星（Hipparcos satellite）被用来测量10万多颗恒星的视差

虽然测量一颗恒星巡天视运动来计算其距离在原则上是合理的，但这在技术上是困难的，所需设备对早期天文学家来说根本是天方夜谭。第一个靠视差法获得的准确恒星距离是德国科学家弗里德里希·贝塞尔（Friedrich Bessel, 1784—1846）算出来的，他于1838年算出天鹅座61（61 Cygnus）的距离为10.3光年。事实上，苏格兰人托马斯·亨德森（Thomas Henderson, 1798—1844）已于1832年测量了半人马座α（α Centauri）的距离，但直到1839年才发表他的结果。已知一颗恒星的距离，将之代入惠更斯的方程反过来求它的亮度就相对容易了。

然而，可用的工具还不堪其

任。测量不得不靠眼睛，摄影术尚未发明。到1900年，只测量到60颗恒星的视差。随着摄影术的出现，进程显著加快了，在接下来的50年，进一步获得了1万颗恒星的视差。1989年到1993年之间，欧洲航天局（European Space Agency）的喜帕恰斯人造卫星（Hipparcos satellite）测量了11.8万颗恒星的视差，而来自同一任务的"第谷 II 星表"（Tycho-2 catalogue）提供了银河系里超过250万颗恒星的数据。

对非常遥远的恒星来说，视差法没什么用。另一种方法要用到所谓造父变星（Cepheids）的数据，这是亨利埃塔·斯旺·勒维特发展出来的，她来自亨利·皮克林的"计算者"妇女团队。造父变星的光度会变化，光变周期从一天到数百天不等。勒维特的方程将周光关系（period-luminosity）[1]和距离联系了起来，这意味着，一旦知道一颗造父变星的距离，就可以算

空间望远镜

　　以著名天文学家命名的哈勃空间望远镜（Hubble Space Telescope）于1990年被航天飞机送入太空，是一台绕地球运行的在轨光学望远镜。因为在太空中，它输出的图像极其清晰，几乎没有背景光的干扰以及地球大气导致的畸变。空间望远镜的设想最初是在1923年提出的，远早于它的实际建造成为可能。

哈勃望远镜拍摄的两个星系的图像，这两个星系通过相互的引力作用纠缠在一起

---

[1] 勒维特发现，造父变星的光变周期越长，其光度（可用视星等或绝对星等度量）越大。

出其他造父变星的距离。忽然间，横贯乃至超越银河系的距离变得可见了，而宇宙被发现比认为的要大得多。

1918年，美国天文学家哈洛·沙普利（Harlow Shapley, 1885—1972）用造父变星测距法研究球状星团，他认为这些星团在银河系内。他意识到银河系比先前以为的大得多，而太阳系甚至不像假定的那样在银河中心附近。1923年到1924年的冬天，美国天文学家埃德温·哈勃（Edwin Hubble, 1889—1953）发现了河外仙女座星系的造父变星，还能计算出仙女座星系的距离约为100万光年（他的数值太低了，实际约为250万光年）。

恒星的标识

丹麦化学工程师埃纳尔·赫茨普龙（Ejnar Hertzsprung, 1873—1967）在业余研究天文学和摄影术时发现了恒星颜色与其亮度之间的关系。虽然赫茨普龙最终成为了一位著名的职业天文学家，但在1905年和1907年，他在一份不起眼的摄影术期刊上发表自己的成果时，他还是一个业余爱好者。他的发现没有引起职业天文学家们的注意。1913年，美国天文学家亨利·诺里斯·罗素（Henry Norris Russell, 1877—1957）也注意到了恒星亮度与其颜色之间的关系，但他在一份更有名的天文学期刊上发表了自己的

埃纳尔·赫茨普龙　　　　　　　　　　　　　　　　　　亨利·罗素

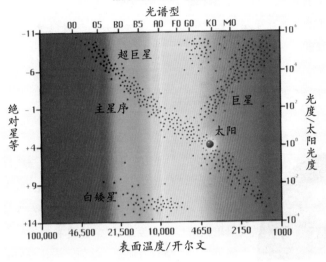

赫茨普龙-罗素图

赫茨普龙–罗素图显示恒星的亮度（y轴）和温度（x轴），恒星的颜色随温度而改变

发现。此外，罗素将自己的成果绘成图像。赫茨普龙之前的贡献得到了承认，这种图现在被叫作赫茨普龙-罗素图（Hertzsprung-Russell diagram）。

　　一颗恒星的颜色——更准确地说，它发出光的波长——是其温度的一个标识[1]。而一颗恒星总体的亮度还取决于它的大小[2]。正如一台室内暖气设备可能比一根（热得多的）燃烧火柴放射出更多的热量[3]，一颗恒星的大小与它的温度一样重要。所以，一颗大的红色恒星可能比一颗小的蓝色恒星放射出更多的能量，即便蓝色恒星的表面温度更高。来自赫茨普龙-罗素图的信息首次为天文学家揭示了恒星内部可能发生的情况。

恒星的隐秘生涯

　　英国天文学家亚瑟·爱丁顿曾于1919年领导科考队观测日食，证实了

---

[1] 根据黑体辐射的维恩位移定律，恒星表面温度越高，其辐射出的电磁波越集中于短波区，反之则越集中于长波区。

[2] 根据黑体辐射的斯特藩－玻尔兹曼定律，表面温度相同的恒星，体积越大，光度（总辐射流量）越大。

[3] 不同发热机制不可一概而论。

> 一颗恒星利用的是我们所不知道的某种巨大能量储备。这种储备几乎不可能来自亚原子层面之外的能量,众所周知,这种能量富集于一切物质之中。我们偶尔会梦想,人类终有一日能学会释放这种能量,使之为我所用。只要可以获取,这种储备几乎是用之不竭的。太阳中的储备就足以维持它150亿年的热量输出。
>
> ——亚瑟·爱丁顿,1920

亚瑟·爱丁顿

用于测量稳定的碳和氧同位素的质谱仪

爱因斯坦的相对论,他率先洞察到恒星内部可能发生的情况。综合来自赫茨普龙–罗素图的信息与某些恒星的已知质量,他发现质量最大的恒星亮度最高[1]。这是有道理的。恒星为了避免引力坍缩,必须产生并放射出大量能量。质量越大,引力的牵拉越强,抵抗牵拉所需的能量也越多。他很快发现,不管大小和表面温度如何,所有主序星(main sequence star)的内部温度都差不多。他还意识到,为一颗恒星提供能量的燃料一定是原子核——欲使一颗恒星的燃料供应大到足以维持数十亿年的燃烧,别无他法。

最初的设想是太阳能源于镭这样的放射性同位素,但是镭的半衰期太短了。重大突破来自剑桥大学卡文迪许实验室的原子研究中心。1920年,英国化学家兼物理学家弗朗西斯·阿斯顿(Francis Aston, 1877—1945)用一台质谱仪测量氢原子和氦原子的质量。氢原子核只有1个质子,而氦原子核有2个质

---
[1] 即恒星的质光关系。

子和2个中子。阿斯顿发现，4个氢原子核的质量略大于1个氦原子核的质量。爱丁顿知道氢和氦是迄今为止太阳中丰度最高的元素。凭借对爱因斯坦工作的了解，爱丁顿能够将方程 $E = mc^2$ 应用于太阳，推断出其能量来自核聚变（nuclear fusion），即氢在太阳中心区域被锻造成氦。阿斯顿注意到的微小质量差会转化为能量。[1]

正如核裂变通过原子核的分解将重元素转化为轻元素，核聚变则是通过原子核的结合将轻元素转化为重元素。其中涉及的巨量气体意味着能量的释放足以供给太阳数十亿年。后来意识到，氢、氦和某些锂之外的所有元素都是由恒星或超新星内部的聚变形成的。

聆听虚空

虽然我们已经处理了早期占星家不可想象的恒星距离和数量，还有更多是我等无法用光学望远镜看到的，即便是在太空的光学望远镜也不行。但利用电磁波谱的不可见波段，比如无线电波，就有可能探测到宇宙的更深处。

射电天文学（radio astronomy）的起源或许要归功于发明家兼企业家托马斯·爱迪生（Thomas Edison, 1847—1931），他在1890年写的一封信里提出他和一位同事可以建造一台接收器捕获来自太阳的无线电波。如果他真的建造过这样一台装置，也不会探测到来自太空的无线电波。英国物理学家奥利弗·洛奇（Oliver Lodge, 1851—1940）爵士实际建造了一台探测器，但从1897年到1900年，未曾发现太阳射电的任何迹象。第一批深入探究这个问题的科学家是在德国工作的天文学家约翰内斯·威尔兴（Johannes Wilsing, 1856—1943）和儒

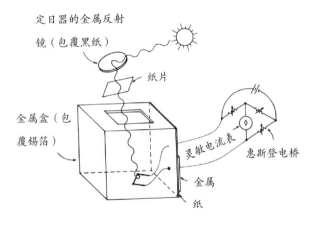

威尔兴和施奈尔试图探测太阳射电的设备

定日器的金属反射镜（包覆黑纸）

纸片

金属盒（包覆锡箔）

灵敏电流表

惠斯登电桥

金属纸

---

[1] 即 pp 链式反应（质子－质子链式反应）和 CNO 循环反应，在太阳中心，80% 以上的能量由前者产生，其余由后者产生。

略·施奈尔（Julius Scheiner, 1858—1913）。他们推断，射电天文学之失败是因为无线电波被大气层中的水蒸气吸收了。

一位法国研究生查尔斯·诺德曼（Charles Nordman）推断，如果是大气层阻隔了来自太空的无线电波，他就应该设法将自己的天线放到大气之上的高处。他将天线带到了勃朗峰的山顶。诺德曼还是没能捕获来自太阳的无线电波——但他只是因为运气不好。他的设备应该在太阳活动的高峰期工作，那时发射的无线电波会达到峰值水平。遗憾的是，1900年是太阳活

尼古拉·特斯拉（Nikola Tesla, 1856—1943）

尼古拉·特斯拉生于奥匈帝国，他出生的地方今属克罗地亚。他两次从大学退学，又切断了同家人和朋友的所有联系（他朋友相信他已淹死在穆拉河里）。1884年，他迁居美国。

特斯拉研究的是无线通信、X射线、电力与能源。他初到美国时，曾受雇于托马斯·爱迪生，但因薪酬纠纷而辞职。随后，他创建了自己的实验室。他是一位非常高产的发明家，但他的一些发明以及他的性格和做派都是离经叛道的，他一直被视作一个标新立异者。他宣称已探测到火星人或金星人发来的无线电信号，这也没什么用。

尼古拉·特斯拉

1904年，美国专利局剥夺了特斯拉的无线电专利权，将之转授马可尼（Marconi）[1]。马可尼因发明无线电报获得了1909年的诺贝尔奖。特斯拉同马可尼、爱丁顿都争论过。他在长岛的远程无线电台（Telefunken wireless station）又被海军拆了，以防在一战期间被用于谍报活动，特斯拉之后的时运急转直下。

为他盖棺定论的最后一颗钉子是所谓的"死亡射线"（death ray），他宣称这种射线"发送粒子集束穿过自由大气，它们那如此巨大的能量会在321.8千米之外击落1万架敌机组成的编队……还会导致敌方陆军毙于中途"。特斯拉在纽约酒店度过了生命中的最后十年，他去世时，美国政府以国安风险为由抄没了他两卡车的私人文件。

---

[1] 1943年，在特斯拉去世后不久，美国最高法院重新认定特斯拉的专利有效。这一决定承认他的发明在马可尼的专利之前就已完成。

动的极小年，所以他什么都没探测到。此外，马克斯·普朗克对黑体辐射和光量子的研究揭示了另一难题。根据普朗克方程的预测，接收到的太阳辐射量应该落在电磁波谱的无线电波段（波长从 10 厘米到 100 厘米），显然这种辐射会非常弱——弱到无法被当时可用的设备探测到。进一步的打击出现在 1902 年，当时奥利弗·亥维赛（Oliver Heaviside, 1850—1925）和埃德温·肯内利（Edwin Kenelly, 1861—1939）两位电气工程师预言了电离层（ionosphere）的存在，上层大气中的一层电离粒子会反射无线电波。（不过，这一层大气对无线电通信有重要的辅助作用。借助电离层反射无线电波[1]，就有可能远距离传输信号。）这些令人失望的结论似乎打击了探索的热情，30 年间再没有探测太空射电信号的尝试。

　　突破出现在 1932 年，彼时美国无线电工程师卡尔·央斯基（Karl Jansky, 1905—1950）受雇于美国新泽西州的贝尔电话公司（Bell Telephone Company）调查无线电对跨大西洋电话线路的静电干扰。央斯基用了一架大型的定向天线，发现一个来源不明的信号每 24 小时重复一次。他怀疑这个信号来自太阳，但后来意识到这个信号实际上是每 23 小时 56 分钟重复一次——不到一天的时长。他的一位朋友，天体物理学家阿尔伯特·斯凯莱特（Albert Skellett, 1901—1991），说这个信号像是来自诸恒星。借助天文图表，他们将银河确认为信号源，更具体地讲是人马座附近的银河系中心，因为这个信号的峰值与人马座的出现契合。央斯基怀疑信号来自银河系中心的一团星际尘埃或气体云。他想要继续研究来自银河的无线电波，但他的雇主将他调到另一个项目上，他不得不放弃自己的研究。他的这一伟大发现标志着自己天文事业的开始和结束。央斯基的工作启发了美国业余天文学

哈勃望远镜拍摄的人马座是央斯基探测到的无线电信号源

---

① 主要是短波。

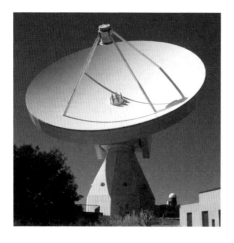

西班牙耶比斯天文中心
的射电望远镜天线

家格罗特·雷伯（Grote Reber, 1911—2002），后者于1937年在自家后院建造了一台抛物面射电望远镜，还实施了第一次无线电频段的巡天观测。

1942年，英国陆军的一名研究军官詹姆斯·海伊（James Hey, 1909—2000）首次发现了来自太阳的无线电波。射电天文学现在成了显学：剑桥大学的两位射电天文学家马丁·赖尔（Martin Ryle, 1918—1984）和安东尼·休伊什（Antony Hewish, 1924—2021）在20世纪50年代初编绘了天空的射电源，制成2C表和3C表（第2和第3剑桥射电源表）。

今天，射电望远镜往往排成阵列，它们的天线都指向同一片天区，数据自所有望远镜汇集而来。每台望远镜都有一个巨大的采集面盘将接收到的无线电波聚焦到天线上。赖尔和休伊什发展出了所谓的干涉测量法（interferometry），运用这种技术，来自每架天线的数据综合到了一起（或者说"相互干涉"）。一致的信号彼此增强，冲突的信号则彼此抵消。这个效应是要化零为整，等效单独一个硕大无比的采集面盘。为了将电离层和大气水蒸气带来的麻烦降至最低，射电望远镜的最佳选址往往是高海拔的干旱地区。

射电望远镜能被用于探究太阳和太阳系行星，但它们最大的用处是探索那些遥远的用光学望远镜根本看不到的天体。这带来了诸如类星体和脉冲星这样的重大发现。

小绿人

最初给脉冲星取的名称是LGM，即小绿人（Little Green Men），因为有意见认为这些脉冲代表一种外星生命形态有意放出的无线电信号。这引起的担忧严重到大学领导层考虑保守这一发现的秘密。后来乔斯林·贝尔（Jocelyn Bell）发现了另一颗脉冲星，证实这是一种自然现象。

脉冲星——旋转的辐射束

脉冲星是一种高度磁化的自转星体。当一颗大质量恒星燃料资源耗尽，恒星核坍缩成极度致密的状态，形成所谓的中子星。称之为脉冲星是因为它在自转时放出高度定向的辐射，仅当辐射正好对准地球——形成一次脉冲——才能被观测到，这有点像灯塔发出的光束在海面上一闪而过。脉冲之间的时间间隔从1.4毫秒到11.8秒不等。脉冲频率逐渐减慢直至历经1千万年到1亿年最后终止，所以大多数曾经形成的脉冲星（99%）不再发出脉冲。

乔斯林·贝尔·伯内尔

1967年，24岁的博士生乔斯林·贝尔（现在的乔斯林·贝尔·伯内尔女爵士 Dame Jocelyn Bell Burnell）首次发现脉冲星。颇有争议的是，她的导师安东尼·休伊什因这个发现获得了诺贝尔奖（1974年），她却没有。1974年观测到一颗脉冲星在一个双星系统里（一颗脉冲星与一颗中子星相互绕行[①]，轨道周期为8小时）为引力波的存在提供了第一个证据，又一次部分证实了爱因斯坦的广义相对论。

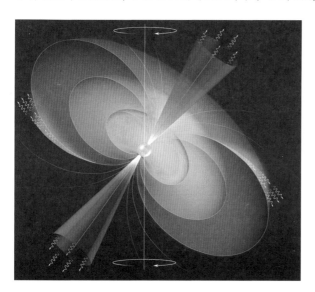

一颗脉冲星自转时，它放出的辐射只能以脉冲的形式在地球上被探测到

---

① 即脉冲双星，这两颗星绕共同质量中心运行。

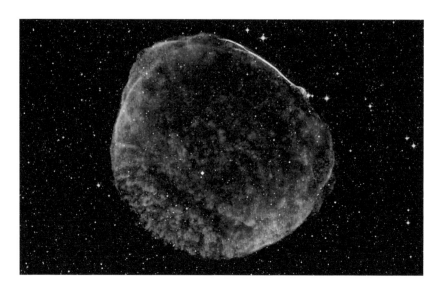

超新星SN1006的遗迹源自约七千年前一颗大质量恒星的爆炸

又强又远的类星体

马尔滕·施密特

类星体（Quasar）是"类恒星天体"（quasistellar object）的简称。类星体是能量非常高的天体，它的红移非常大，这意味着它们极其遥远[①]。已知有20万个类星体，距离全都在7.8亿光年到280亿光年之间，这使它们成为我们所知最遥远的天体。第一批类星体是在20世纪50年代末发现的，荷兰天文学家马尔滕·施密特（Maarten Schmidt, 1929—2022）在1962年描述了它们。类星体的大规模辐射爆发可能源自物质落入大质量黑洞时的引力能释放。在进入事件视界之前，多达10%的质量转化为能够逃逸的能量。恒星内进行的核聚变无法产生足够的能量让一个类星体明亮的（以可见光与其他波段电磁辐射的形式）在相距这么遥远的地球上被探测到。一颗超新星爆发产生的能量足以使之可见几个星期，但一个类星体是一直存在的。对可见的最远类星体而言，它们的亮度必定是太阳亮度的2万亿（2×10^{12}）倍。或者于这些天体的距离有数十亿光年，故而我们将之看作近乎宇宙之开端。

[①] 根据多普勒效应，波源的红移量越大，波源的远离越快（见第 204 页）。又根据哈勃定律，红移量越大，距离越远，远离也越快。

越来越抽象

整个20世纪，我们对天文学和空间物理学的理解发生了相当大的改变。但最重要的发展或许是时间与空间结合成了一个概念——即下一章探讨的时空连续统（space-time continuum）。

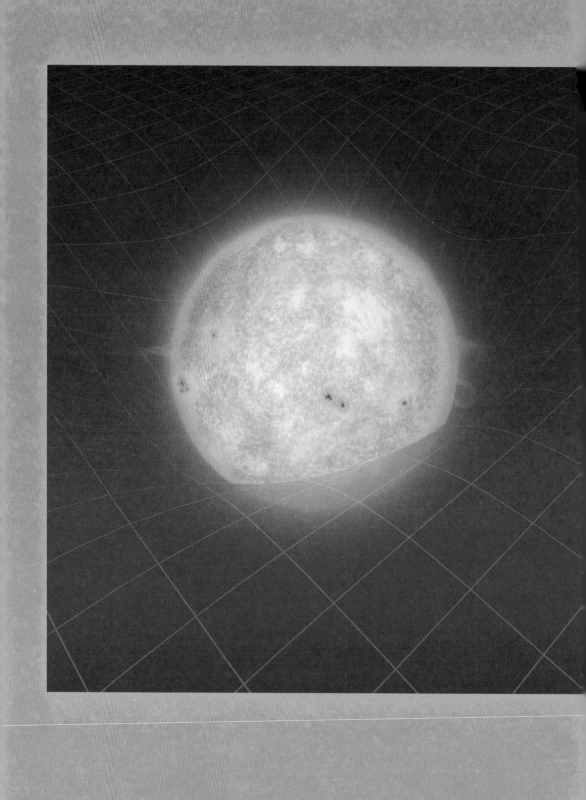

第7章
时空连绵

　　数千年来，我们凝视空间，好奇它那古怪的形貌，无非是在表观上探寻，试图看出恒星与行星、太阳与月亮如何与地球相关联。日月运行是人类在天上的时钟，度量时、日、月和年。但空间与时间被当作分立的概念。不过，自20世纪初，我们与空间和时间的关系开始变化。爱因斯坦之后，二者被紧密结合到一起成为时空连续统，而研究空间的焦点不仅是"那里有什么"，还要有我们宇宙的过去与可能的未来。

一颗恒星扭曲时空连续统，产生引力效应

计时简史

漏壶在古希腊^①用来度量时间,这类水钟已经被用了数千年

数日的流逝固然易见,但一整年的变迁模式仅当有记录和计数才会变得明显。人们追踪时间的最早证据可以回溯到大约2万年前。数学和早期的天文知识或许是随人们学会追踪并预测天体运动一道萌兴的。

度量一日的流逝在早期是用一个日表来实现的,这个东西类似于日晷上的晷针,靠投射出的日影来追踪太阳巡天的进程。数千年来,这都是时间流逝的最佳指示。后来到了17世纪,伽利略比较了摆动的吊灯和他自己的脉搏,发现了周期性的单摆运动。单摆总是花同样的时间完成一次完整的摆动——随着摆幅减小,单摆运动逐渐减慢以保持周期恒定。

伽利略设计了一种摆钟,但从未制作出一台。是克里斯蒂安·惠更斯在1656年制造了第一台摆钟(见第88页)。后来,罗伯特·胡克用弹簧的固有振荡控制机械钟的运作。用机械手段度量时间一直是常态,直到1927年供职于新泽西州贝尔电话实验室(Bell Telephone Laboratories)的加拿大裔电信工程师沃伦·马里逊(Warren Marrison, 1896—1980)发现他可以用石英晶体在电路中的振动来精确度量时间。

明日复明日

时钟度量线性时间,它对人类生活非常方便,但还不能代表整个故事。公元前500年左右,佛陀和毕达哥拉斯都提出了时间或许非线性的观念。他们相信时间可以是循环往复的而人类或许会死后复生。柏拉图认为时间是在万物之初创生的。但对亚里士多德来说,时间只存在于有运动的地方。哲学家芝诺(Zeno,约前490—前430)^②

---

① 从纹饰上看,这个漏壶是古埃及风格。
② 即巴门尼德的学生"埃利亚的芝诺"(Zeno of Elea),区别于后来斯多噶学派"季蒂翁的芝诺"(Zeno of Citium)。

机械钟表的运作提供了
精确报时的第一种方法

……绝对的、真正的、数学的时间……按其本性，均匀地流逝，与任何外在事物无关。

——伊萨克·牛顿

圣奥古斯丁

提出了一个明显的悖论，似乎揭示了时间和运动都不能存在。如果我们将时间分割成的部分越小，一支运动箭矢行经的距离越短，直至"此刻"一瞬，箭矢不动。但那种情境中，根本不存在箭矢的运动，因为时间是由无穷多没发生运动的"此刻"构成的。基督教哲学家圣奥古斯丁（St Augustine, 354—430）得出结论，时间并不存在，除非存在一种在观测的智能，因为只有对过去事物的记忆以及对未来事件的预期才会给出此刻之外任何时间的存在。

法国数学家尼古拉·奥雷姆（Nicole Oresme, 1323—1382）发问，天上的时间——用天体运动度量的时间——是否是可公度的：即是说，是否存在一个单位使得天体的运动都可用整数来度量。他提出，一位智能的创造者无疑会如此行事，但他没有发现公度单位的缺失意味着上帝不存在。

空间与时间的联姻

我们个人对时间的体验是直截了当的。时间自过去经现在通向未来，不可能回溯过去，也不可能跳跃向前或定格现在。它以稳定的速率朝一个方向运动。毫无疑问，数千年来，我们都假定这正是时间的本性。但事实或许并非如此。

> 我的灵魂渴望解开这个最错综复杂的谜题。哦，主，我向你忏悔，恕我愚钝，仍不知时间为何物。
>
> ——圣奥古斯丁

一切都是相对的[①]

一切运动都是相对观察者的位置或运动而言的。那么，当你走过一个房间，静止在房间里的人可能会判断你的速度约为5千米每小时。你和这位观察者实际上都在自转的地球上，而地球穿行空间的公转线速度近乎30千米每秒，但只有你走过房间的运动被观察到了。不过，在一颗遥远行星上的观察者（用一台性能优良的望远镜）还会看到地球的自转和公转。（伽利略意识到了这一点，尽管他谈论的是岸边的观察者看船上的人，而非外星人用望远镜看地球。）所以，一个物体运动的速度取决于参考系，运动只能相对于其他物体或观察者来度量。参考系可能是上文中的房间、船、行星或者星系。

爱因斯坦发现了这条基本法则的一个例外：光，他说光速总是不变的——不管观察者的运动速度如何。他解释道，不管你运动得有多快，一束光从你身边呼啸而过的速度都是299 792 458米/秒[②]。由于光速是恒定的，其余诸事就不可能恒定了——此中之一便是时间。事实上，趋近光速，时间会变慢而距离会收缩。爱因斯坦的这一观点在1971年被证实了。高速飞机携带的原子钟记录到的时间略短于在地面静止的同样原子钟记录到的。不过，乘坐高速飞机不是一条延长你寿命的好路子——你得环游地球1800亿圈来节约出1秒钟。

爱因斯坦的广义相对论发表于1915年，进一步将时空和物质结合到一起，并用引力解释了一个对另一个的影响。物质弯曲了时空，有点儿像一个球扔到有弹性的毯上形成一个凹陷。其他物体及光响应这种弯曲的运动方式被我们表述为引力的作用。故而，正如一个小球自然会滚向一个大球在毯上造成的凹陷，空间里的小物体自然也会在时空曲率的约束下被吸引向一个大物体。这种曲率早在爱因斯坦之前就已被德国数学家伯恩哈德·黎曼（Bernhard Reimann, 1826—1866）提出了，黎曼的观念在他去世

[①] 这种常见的衍生说法极易引起对相对论（朴素相对论、伽利略相对论以及爱因斯坦的狭义和广义相对论）的误解，相对论的主旨恰恰与其字面意思相反。
[②] 即真空光速。

让引力走到极端：黑洞

黑洞是时空中的"奇点"（singularity）。它们是引力强大到连光都不能逃逸的区域，任何靠得太近的东西都会被吸进去。当恒星自身坍缩到极小，就可能形成密度极大的黑洞，在某些情况下不大于一个原子核。离开黑洞所需的逃逸速度比光速还大。度量一个黑洞尺寸的是它的事件视界（event horizon）——没有东西能逃逸出去的边界。虽然一个落入黑洞的宇航员在穿越事件视界时可能不会注意到任何反常之事，但在外边的观察者会看到那人的时间变慢了。在事件视界的边缘，时间看似冻结了。

黑洞的概念（虽然不是这个名称）最早由二人独立提出——皮埃尔-西蒙·拉普拉斯（见第77页）在1795年提出，他之前的英格兰哲学家约翰·米歇尔（John Michell, 1724—1793）在1784年提出。

一颗恒星密度极大且引力作用极强以至于光都无法逃逸，米歇尔将这种现象称为"暗星"（dark star）。1916年，德国物理学家卡尔·史瓦西（Karl Schwarzschild, 1873—1916）在去世前不久复兴了这个观念，他计算了恒星和坍缩星的引力场。"黑洞"（Black Hole）这个术语是美国理论物理学家约翰·阿奇博尔德·惠勒（John Archibald Wheeler, 1911—2008）在1967年创造的，彼时宇宙学家首次发现了它们存在的迹象。

黑洞

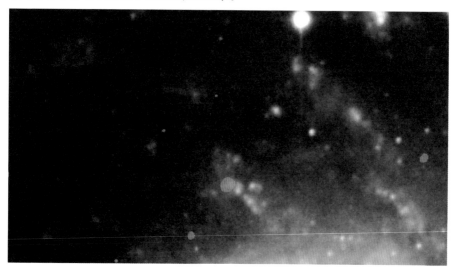

后的1867年到1868年才发表出来。但爱因斯坦比黎曼要更进一步，他给出了解释和预测这种曲率的方程。

很远之外与很久之前

还有另一种不那么理论性或复杂的方式将我们对空间的兴趣同时间、光速纠缠到一起。当我们观看恒星时，看到的是他们过去的样子，这是因为它们的光抵

左下方的亮斑是哈勃望远镜拍摄的一颗超新星

达我们所在要花一段时间。即便来自太阳的光，也是我们看到之前8分钟发出来的。如果太阳在2分钟之前就已熄灭，我们会仍会看到它发光6分钟，全然不知即将面临的灾难。

离太阳系最近的恒星是半人马座比邻星（Proxima Centauri），来自它的光抵达我们所在要花4年又3个月。在1988年首次发现的一颗超新星是有史以来探测到的最亮星之一。既然超新星表示一颗恒星的死亡，超新星已爆发，那颗恒星便不复存在了。它有50亿光年之遥，所以在1988年看到的光表示该恒星死于50亿年之前，甚至早于我们所在太阳系的形成。开普勒和伽利略在1604年目击的超新星约有2万光年之遥——所以那颗恒星大约在猛犸象纵横冰封欧陆的时代已然不复存在了。

回到太初

当然，没人知道恒星和行星是什么时候在那儿，很难说它们怎么会在那里，除了少数显著的例外，大多数文化都把这个问题留给了宗教。17世纪的大主教詹姆斯·厄舍（James Ussher, 1581—1656）基于《圣经》记载的谱系，算出创世的日期（可据此估计宇宙的年龄）为公元前4004年10月22日。其他许多文明也提出了他们自己的创世日期。玛雅人给出的创世日期

> （灵明支配的）这种旋转现在转动了恒星、太阳、月亮、离散空气和以太。而致密者与轻虚者分离，炽热者与寒冷者分离，明亮者与黑暗者分离，干燥者又与湿润者分离。
>
> ——阿那克萨哥拉残篇（fragment B12）

转译过来是公元前3114年8月11日。犹太教将创世日期设定在公元前3760年9月22日或3月29日。印度教的往世书走了另一个方向，将创世时间一举推到158.7万亿年前。还有一些意见提出宇宙一直在那儿。比如，亚里士多德认为宇宙有限却永恒。

走出混沌

阿那克萨哥拉在公元前5世纪提出，宇宙始于一堆未分化的惰性物质。在某个时刻，在什么都没发生的无限时间之后，灵明（他对宇宙自然规律的比喻）开始作用于这种物质，引发一种回旋运动。这个宇宙模型和现代天文学家发展出来的无甚区别，巨大的尘埃云合并成前行星盘，太阳系由此形成，又通过引力提供的向心力作用，形成了行星。阿那克萨哥拉的工作只是借助逻辑推理（以及大量想象）。

哲学家德谟克利特和留基伯（公元前5世纪）相信，宇宙形成于回旋运动引导原子聚集成物质之时。由于宇宙在时间和空间上是无限的又包含无穷多的原子，所有可能的世界和原子组态皆会存在，所以我们这个世界以及人类的存在并不特殊，乃是自然而然。因为一切都在不断流变，一个宇宙会诞生，亦终归解体，它那些不灭的原子又会在一个新的宇宙中重新发挥作用。我们知道，即使在较短的时间跨度内，一个死亡恒星系里的原子最终也会被回收利用。

公元前3世纪的古希腊斯多噶派哲学家相信，宇宙就像一个被无限虚空包围的岛屿，处于永恒的流变状态。斯多噶学派的宇宙有节奏地搏动，其大小会改变，还会遭受周期性的动荡和火灾。所有部分都是相互连接的，因此一个地方发生的事情会影响其他地方发生的事情，这个奇妙的观念会反映在量子纠缠（见第133页）上。

勒内·笛卡尔描述了一个"涡旋"（vortex）宇宙，其中空间不空，而是充满物质，这些物质在涡流或涡旋中转圈，产生的效果后来被叫作引力效应。1687年，牛顿提出了一个静止而无限的稳态宇宙，其中的物质均匀分布（在大尺度上）。他的宇宙是引力均衡的，但不稳定。这作为一种科学的模型一直持续到20世纪。纵然是爱因斯坦也承认这是既定真理，直到有发现证实并非如此。

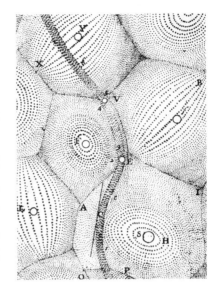

笛卡尔将空间划分为不同区域，每个区域都包含有绕一个中心旋转的粒子，1644

现代宇宙模型

爱因斯坦广义相对论方程的一个特征是，不靠"花招"，他们就不能描摹一个静态的宇宙。由于爱因斯坦坚信宇宙是静态的，他在自己的方程里添加了一项"宇宙学常量"（cosmological constant）使方程发挥作用。但其他人对爱因斯坦的方程有不同诠释。最早提出膨胀宇宙的是俄国宇宙学家兼数学家亚历山大·弗里德曼（Alexander Friedmann, 1888—1925）。运用爱因斯坦的相对论方程，弗里德曼在1922年发表的一篇论文中提出了一个膨胀宇宙的数学模型。他死于伤寒，享年仅37岁，他是在克里米亚度假时染上的伤寒，而他的工作在很大程度上被忽视了。爱因斯坦是读过弗里德曼论文的少数几人之一，但他不假思索地否定了。然而，出现证据支持弗里德曼之后，爱因斯坦被迫否定他自己的早期模型，抛弃宇宙学常量。

1929年，美国天文学家埃德温·哈勃（见第184页）证实了四面八方的遥远星系正在远离我们所在的空间区域。哈勃对这些星系做了光谱分析，注意到它们的光移向光谱的红端——所谓的"红移"（red shift）。这些发现被当作宇宙确实在膨胀的证据。爱因斯坦此时大致接受了弗里德曼的模型，但认为宇宙会在大爆炸之后的膨胀和收缩之间振荡，引力最终会再次将所有物质拉回来，造成一次大收缩（Big Crunch）和一个奇点，这个奇点

红移

对一颗恒星发出的光做光谱分析，若恒星靠近观察者，会看到光"挤压"到光谱的蓝光波段（蓝移），若恒星远离观察者，会看到光"伸展"到光谱的红光波段（红移）。这被称作多普勒效应（Doppler effect）。声波也会产生同样的效应，当警车靠近收听者，由于声波被压缩，警笛声的音调听起来会更高，而当警车远离时，由于声波被拉伸，警笛声的音调听起来会更低。然而，哈勃观察到的红移并非源于星系恒星运动导致的多普勒效应（虽然这也会导致红移）。它反倒是源于我们所在星系和遥远星系间的空间伸展，此即宇宙是如何膨胀的。穿过伸展空间的光波长也会被拉伸。光的波长越长，色彩越红，因此发生红移。这就是红移的存在为何是膨胀宇宙的证据。1917年，美国天文学家维斯托·斯莱弗（Vesto Slipher, 1875—1969）率先测量并描述了某些遥远星系的红移。但正是哈勃发现了红移的普遍性以及最远的星系退行最快。哈勃将之写进论文《河外星云的距离与视向速度之间的关系》（Relation between distance and radial velocity among extra-galactic nebulae）发表。

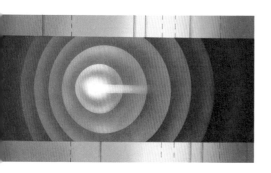

光波移向光谱的红端还是蓝端取决于波源是远离还是靠近观察者

又会在另一次大爆炸中爆发。这种循环往复会永远持续下去，但由于时间伴随着空间，空间和时间都是无始无终的（或者有无穷多的开端和终结，这取决于你想要如何看待）。

从宇宙蛋到大爆炸

现代宇宙观的诞生源自比利时神父兼物理学家乔吉斯·勒梅特（Georges Lemaître, 1894—1966）的理论。勒梅特表达的观点是宇宙始于一个无限小且无限致密的点——现在叫奇点，但勒梅特叫它"太初原子"（primaeval atom）或"宇宙蛋"（cosmic egg）。一次威力不可想象的事件，我们如今称之为"大爆炸"（Big Bang），引爆了这个奇点，转化出宇宙中的所有物质并使之遍布空间。

1927年，勒梅特在比利时的索尔维物理学会议上公布了膨胀宇宙的观念，当时他首次陈述了后来所谓的哈勃定律（Hubble's Law）——遥远天体远离地球的速度正比于它们到地球的距离。在会上，勒梅特同爱因斯坦讨论了这个问题，但爱因斯坦再次否定了这个理论。他告诉勒梅特，"你的数学是恰当的，但你的物理讨人厌！"然而，哈勃的发现支持了勒梅特的物理，揭示了遥远星系发出光的红移量正比于它们到地球的距离。

尽管成功了，勒梅特的"宇宙蛋"理论还是遭到了嘲笑，甚至是拥护他那个膨胀宇宙模型的爱丁顿也不例外。"大爆炸"这个名称源自1949年英国天文学家弗雷德·霍伊尔（Fred Hoyle, 1915—2001）的一句挖苦。勒梅特获得普遍承认多年之后，霍伊尔仍旧支持"稳态宇宙模型"（steady state model of universe）。虽然霍伊尔在1948年描述的宇宙也要膨胀，但它会有规律地加入新材料以保持整体上的密度稳定。反对大爆炸理论的主要论据是，初始事件之后应该剩余一些热量，这些热量应该是可探测的。物理学家乔治·伽莫夫（George Gamow, 1904—1968）已在理论上阐明，随着宇宙膨胀，这些热量会冷却，转变到微波波段。确证是在1965年，阿诺·彭齐亚斯（Arno Penzias, 1933—2024）和罗伯特·威尔逊（Robert Wilson, 1936— ）两位射电天文学家意外发现了宇宙微波背景辐射。有了这个证据，余下的大多数异议者转投大爆炸的阵营。

恒星有多少颗？

最早的星表只能列出那些肉眼可见的恒星。随着技术进步，先有光学望远镜，然后是射电望远镜，可探测恒星的数量从成倍到成指数增加。德雷珀星表（见第180、181页）最终列出了359 083颗星。但是，宇宙中恒星数量的估计远远超过任何星表所列，正如趋向膨胀的宇宙那样。直到2010年底，普遍接受的恒星数量估计值在10^{22}到10^{24}之间。2010年，在夏威夷凯克天文台（Keck Observatory），彼得·范·杜库姆（Pieter van Dokkum）领导的一个研究团队发现恒星数量或许是先前以为的3倍，这是因为要计入大

意外的诺贝尔奖

1978年，阿诺·彭齐亚斯和罗伯特·威尔逊因发现宇宙微波背景辐射分享了诺贝尔物理学奖。事实上，两人并非一直在寻找它，最初找到它时也没有认出来。彭齐亚斯和威尔逊在新泽西州霍姆德尔的贝尔电话实验室调谐一架用于射电天文学的灵敏微波天线，当时他们接收到了妨碍他们工作的干扰信号。他们没法消除干扰。这种干扰持续不断，均衡地出自各个天区。事实上，他们无意间撞见了宇宙微波背景辐射（cosmic microwave background radiation, CMBR）。在相距不远的普林斯顿大学，罗伯特·迪克（Robert Dicke）、吉姆·皮布尔斯（Jim Peebles）和大卫·威尔金森（David Wilkinson）的团队正在建造专门寻找CMBR的设备，他们马上就意识到彭齐亚斯和威尔逊发现了什么。听到消息时，迪克转向其他人说，"伙计们，我们被人抢先了。"

量先前看不见的红矮星（在某些星系里，或许是先前估计的20倍）。

可观测宇宙

我们现在有各种各样的方法来估计宇宙的年龄：测量铀–238之类放射性同位素及其衰变产物的丰度（核子宇宙年代学）；测量宇宙膨胀的速率再反推出何时开始；观测球状星团再根据它们所含恒星的类型推断它们的年龄。当前认为最精确的宇宙年龄数值是137亿年。这个值基于美国国家

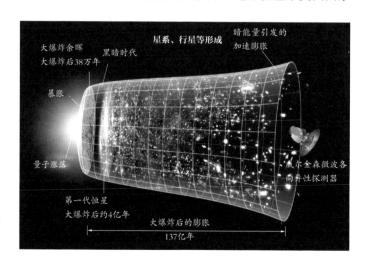

大爆炸以来宇宙是如何演化的

乔治·伽莫夫

（George Gamow，1904—1968）

乔治·伽莫夫生于俄罗斯帝国的敖德萨，那个地方今属乌克兰。伽莫夫是一位极富成就且多才多艺的物理学家，他做出了许多重要的发现和假说。他的父母都是教师，然而其母在伽莫夫年仅9岁时就去世了。第一次世界大战期间，他的学校毁于炮火，他受到的教育由此中断，因而主要是自学成才。伽莫夫曾同他那个时代最伟大的一批欧洲物理学家一道工作，其中

乔治·伽莫夫

包括卢瑟福和玻尔。他两次试图逃离苏联，第一次是划皮艇横渡黑海250千米去土耳其，第二次是从摩尔曼斯克跑去挪威。两次尝试都受挫于恶劣的天气。1933年，在比利时参加索尔维物理学会议（Solvay Physics Conference）期间，伽莫夫终得携妻叛逃，并于1934年定居美国。

伽莫夫的工作横跨量子力学与天文学，他发展出了原子核的"液滴模型"（liquid drop model），将原子核当作一滴不可压缩的核流体，描述了红巨星的内部结构，计算了 α 衰变，还解释了氢和氦占宇宙的99%是因为大爆炸时发生的反应。他预言了宇宙微波背景辐射的存在，在理论上阐明大爆炸的余晖在数十亿年后仍会存留。伽莫夫估计它如今已冷却到比绝对零度高5度左右。彭齐亚斯和威尔逊在1965年探测到了宇宙微波背景辐射，他们发现温度其实是比绝对零度高2.7度。

航天航空局（NASA）威尔金森微波各向异性探测器（Wilkinson Microwave Anisotropy Probe，WMAP）的数据，这台航天器测量了宇宙微波背景辐射。

已知最远的类星体（见第192页）大约有280亿光年之遥，如果宇宙的年龄只有137亿年左右，这看起来似乎不可能。这种异常是地球和该类星体之间的时空膨胀导致的。我们现在接收到的类星体光也许是在127亿年前发出的，当时这个类星体离地球更近，但因为此后二者之间的空间已然增大，这个类星体现在离我们更远了。虽然光和物体穿行空间的速度都不

在可见光波段（左）、紫外波段（中）和X射线波段（右）展示一颗超新星爆发

能超过光速，但时空能以任意速率膨胀。可观测宇宙（如果我们有适当的技术，在理论上可以观测到的宇宙）的直径被认为是930亿光年左右。这不会限制整个宇宙的大小。在这之外，或许还有物质现在与地球相隔的空间甚大，以至于它的光还没有抵达我们所在。

宇宙有多少个？

虽然"宇宙"（universe）[①]这个词意味着只有一个，少数科学家还是提出其实存在多重宇宙（multiverse），我们所在之宇宙只是许多中的一个。理论物理学家休·埃弗雷特三世（见第132页）和布莱斯·德威特（Bryce DeWitt, 1923—2004）在20世纪50年代和70年代提出"诸世界模型"，而俄裔美国物理学家安德烈·林捷（Andrei Linde, 1948—　）在1983年描述了一个模型，其中我们的宇宙是许多"泡泡"（bubbles）中的一个，这些泡泡形成于不断暴胀（inflation）的多重宇宙之中。

自此一往无前

我们的太阳大约还有一半寿命。它预计还能持续几十亿年，之后遵循在宇宙中别处观察到的模式，它会膨胀成一颗红巨星，再坍缩成一颗白矮星，最后逐渐冷却。

尽管我等显然没有机会见证，但宇宙的终结——如果有的话——还是困扰着一些宇宙学家。宇宙会无休止地膨胀直到变成疏散的物质稀汤，不再结合成有所作为的行星系？抑或整个被吸回形成一次大收缩，准备在新的大爆炸中再次爆发？如果是这样，这个循环可能是永恒的（尽管这个词

---

① 英文中的 universe 源自拉丁文的 universum，有"万象归一"之意。而同样汉译为"宇宙"的 cosmos 源自希腊文 κόσμος，指音律一般的和谐秩序。

多次大爆炸

直到2010年，还没有证据显示大爆炸或许是宇宙膨胀到收缩循环中的一次，但后来罗杰·彭罗斯（Roger Penrose）爵士和瓦赫·古萨德扬（Vahe Gurzadyan）在微波背景辐射中发现了清晰的同心圆，这表明辐射区域的温度范围比其他区域的小得多。他们主张这意味着还有古老的大爆炸如化石一般保存在宇宙微波背景辐射中。

在这样的体系中没有意义，体系中的时间连同空间被挤压到一无所有再从零开始重建）。宇宙的开端和终结的确是科学之前沿，是我们靠逻辑和数学探索的领域——但即便在那里，在我们塑造未来的物理学之时，还是会有实验方法帮助我们完善理论。

第 8 章
未来的物理学

　　当马克斯·普朗克在1874年说自己想要专攻物理学时，他的导师建议他另选一个学科，因为物理这门学科里已经没什么可发现的了。幸运的是，普朗克没有听导师的。近150年后，物理学中仍有许多东西留待发现。我们还不能调和引力理论与量子力学；我们还不能说明宇宙的大部分质量；我们怀疑有粒子存在于某处，但还没探测到；我们还不能完全解释能量是什么，我们也不知道宇宙之命运会如何，甚至不清楚它是独一无二的亦或仅是众多中的一个。处理这些疑问还要留待未来的物理学家，他们尚在中小学教室和大学报告厅里。

物理学的实际应用是将宇宙的自然规律用于新的工程技术

撕碎再建

20世纪的物理学引发了对过去诸多事情在基本层面的重估，将空间与时间结合成时空连续统，以不确定性和概率性代替确定性，将粒子性和波动性转变成波粒二象性，还引入了别的观念，虽是离奇，却无法拒绝。事实上，新的理论与其说推翻了过去的理论，不如说是将之纳入了更大的框架中。不过，这更大的的框架仍不能解释一切，它最后也必须被吸收进一套理论或模型中，它们终将解释我们目前已发现以及尚不得解释的一切。

这就是全部了么？

对物理学家来说，似乎有点儿失败，但最大的遗留问题之一是如何解释占宇宙96%的质量与能量。我们能通过反射或发射光看到的宇宙只占已知存在的一小部分，仅占4%左右。"暗物质"（dark matter）这个术语是用来表述我们知其存在却看不见的物质。保加利亚裔瑞士天文学家弗里兹·茨维基（Fritz Zwicky, 1898—1974）在1933年首次提出了暗物质的观念。

茨维基将自爱因斯坦相对论导出的计算应用于在后发座星系团（Coma galaxy cluster）中观测到的引力相互作用，发现该星系团所具有的质量必定数百倍于其总光度所示之质量。他提出，补偿质量的正是暗物质。

那么这种神秘的材质是什么？当前最广泛接受的理论将暗物质分为重子物质和非重子物质。重子物质是由质子和中子之类构成的普通物质。宇宙中所有可见物体必须发射或反射光。这看起来似乎不言而喻，但意义重大。如果一颗行星游荡在任一恒星都照不到的地方，或者若是一颗恒星

人造流星

弗里兹·茨维基有一套新奇而非常规的天文研究方法，他的许多观念（包括暗物质）并没有得到他同代人的严肃对待。1957年10月，茨维基从高空探测火箭头部锥体上发射了金属球，形成了在帕洛马山天文台（Mount Palomar observatory）可见的人造流星。其中一个金属球被认为逃脱了地球的引力场，成为首个进入太阳轨道的人造天体。

熄灭了，便再也看不到了。重子类的暗物质很可能是由不可见物质构成的，诸如气体云、熄灭的恒星和没被照亮的行星。这些被叫作大质量致密晕族天体（Massive Compact Halo Object, MACHO）。MACHO的存在能根据它们所具有的引力效应来推知，它们于2000年首次在银河系中被发现。

哈勃望远镜在2004年拍摄到两个星系碰撞形成暗物质环

不过，MACHO不足以提供全部暗物质。绝大多数暗物质被认为是由弱相互作用大质量粒子（Weakly Interactive Massive Particle, WIMP）构成的。按定义，这些粒子很难找到，因为它们不会与其他物质发生电磁相互作用。某些暗物质可以用中微子（见第142—144页）来解释，但还可能有其他未发现的理论假设粒子，比如轴子（axion）乃至更多未纳入理论的奇异粒子。

暗能量

如果连暗物质的存在都难以接受，当超新星宇宙学项目（Supernova Cosmology Project）的结果于1999年公布时，宇宙学家还会受到更大的震动。这项研究考察了1a型超新星（Type 1a supernovae），这种类型的爆发星，其质量和光度是已知的，因此其红移能被精确计算（见第204页）。这个项目的发现揭示了宇宙不是以稳定速率膨胀或减速膨胀，正如一直以来的假定，它在加速膨胀。这种加速此后又被其他研究确证，包括对宇宙微波背景辐射的详细研究。为了解释这种现象，科学家创造了一个新术语——

> 宇宙主要由暗物质和暗能量构成，而我们不知道这二者是什么。
>
> ——索尔·珀尔马特（Saul Perlmutter），
>
> 超新星宇宙学项目成员，1999

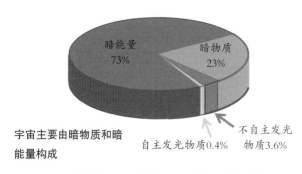

暗能量
73%

暗物质
23%

宇宙主要由暗物质和暗
能量构成

自主发光物质0.4%

不自主发光
物质3.6%

"暗能量"（dark energy）。

纵然有MACHO和WIMP，宇宙质量与能量的预算还是有大量赤字。现在估计，神秘的暗能量占宇宙质量与能量近乎四分之三（73%左右），而暗物质占其余大部分。暗能量被认为具有强大的负压，由此引发宇宙的加速膨胀。它或许是同质的，不太致密，但充塞于原本被当作真空的任何区域。暗能量头衔的竞争者之一是宇宙学常量，这最初是作为一个花招被爱因斯坦添加进广义相对论方程以解释宇宙为何不会在引力作用下坍缩[①]。爱因斯坦后来抛弃了这个观念，但如今它正被复兴以解释这些新发现。

有理论认为宇宙学常量的作用就像反引力，防止引力将宇宙拉回坍缩。当前宇宙学常量的作用力被认为略大于引力，但还不知

宇宙在膨胀

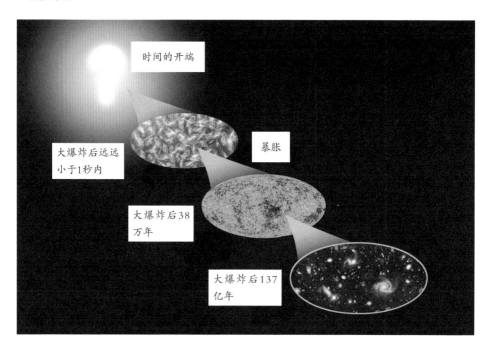

时间的开端

大爆炸后远远
小于1秒内

暴胀

大爆炸后38
万年

大爆炸后137
亿年

----

① 爱因斯坦在1917年引入宇宙学常量还要避免宇宙的膨胀。

道它是否过去一直不变，是否将来永远不变，是否真是一个常量。并非所有宇宙学家都接受宇宙学常量的观念，有些提出了别的甚至更深奥的观念，比如"弦理论"（string theory）。还没有找到令人信服的证据使哪个理论在可能性上一枝独秀。

物质理论向何处去？

按物质的标准模型，原子核由中子和质子这样的复合粒子构成，这些复合粒子又由夸克这样的基本粒子构成（见第140—142页）。还有各种各样的粒子仍是理论上的假设，其存在或曾经存在尚未被证实。尤其因为许多粒子的寿命非常短，通过实验而非数学模型探索这些粒子是复杂且昂贵的，需要极其精密的设备。

假设的希格斯玻色子或者说"上帝粒子"是物质标准模型预言的基本粒子中最后一个被探测到的（见第146页）。它被认为赋予物质量，最早是英格兰理论物理学家彼得·希格斯在1964年提出的。

为了理解这一点，有必要先考察一下传递四大基本相互作用的粒子：几无质量的光子传递电磁相互作用；胶子传递连接夸克的强相互作用；W玻色子和Z玻色子传递弱相互作用，且相对来说，这种玻色子非常重——质量约为质子的100倍。对物理学家来说，难题在于解释这些传递相互作用粒子的质量差异。解决方案是这样一个模型，模型中有一些粒子作用相当于要费力趟过的糖浆。

希格斯场有点像物质在空间中运动不得不穿过的力场。有些粒子穿过它的减慢程度超过其他粒子。一个粒子减速的过程相当于赋予它质量。光子不会被这

计算机模拟一个希格斯玻色子的生成和衰变，产生两束强子流和两个电子

种场阻碍，几无质量，但W玻色子和Z玻色子会在这种场里显著减速，故而质量比较大。希格斯场的作用由希格斯玻色子来传递。如果可以证实希格斯玻色子的存在，标准模型就完备了。

不过，我们如何寻找这样一种粒子？当前的物理学家试图用巨大的粒子加速器将之撞到可见，比如用欧洲核子研究中心在日内瓦一条地下隧道里的大型强子对撞机（LHC）和费米国家加速器实验室在芝加哥附近的万亿电子伏加速器（Tevatron）。费米国家加速器实验室在1995年确证了"顶夸克"的存在。这些加速器以极高的速度在一个圆周上沿相反方向发射出两束粒子，使之对撞。LHC是这类机器中最大的，其环形隧道的周长达27千米。每年，LHC有11个月发射质子束，1个月发射铅离子束。

质子束被加速到比光速低3米每秒以内，间断式发射，以防不断相互碰撞，相隔总是不低于25纳秒。一个加速过的质子只需90微秒就可在对撞机隧道里跑完一周——相当于每秒跑完1.1万周。在LHC上开展的研究项目始于2010年。物理学家当时预期，如果标准模型是恰当的，每过几小时就会产生一个希格斯玻色子，需要两三年的数据来确证，这已然发生。[①]

把婴儿和洗澡水分开？

爱因斯坦努力寻找一个统一理论来解释一切，试图将引力理论和量子力学整合进一组完备的方程里，无奈铩羽而归。阿那克萨哥拉也可以说是这样的。他想为运动和状态变化找到一个单一的解释，可以说明物质世界中发生的所有变化。他坚决主张，这种解释不应有任何非理性或神学的因素，必须完全符合逻辑。在他的模型中，宇宙之灵明始终检视、调控并管理正在发生的无穷变化，确保这些变化全都井然有序。他的意思是，存在一条他还没发现或解释的规律，正是这条规律支配着万事万物的流变。正如他的后继者所指出的，这种解释并不能令人满意，但这与爱因斯坦和霍金（Stephen Hawking, 1942—2018）所谓必有一个统一理论的信念相去无几。在行将就木之时，爱因斯坦承认，自己不会成功，这项工作必须留待他人。统一理论尚未实现，量子理论与广义相对论之间的鸿沟——尽

---

① 2012年到2013年的数据分析确认了希格斯玻色子的存在，希格斯本人因此获得2013年的诺贝尔物理学奖。

斯蒂芬·霍金在一架改进波音727飞机上体验零重力环境

管二者之正确皆有实验证据——仍旧是困扰物理学家的一大谜题。

解决这个难题的一条途径是发展弦理论。弦理论还不是一个条理分明的理论，还不能得到检验，也未必被广泛接受，但它力争通过更深刻的表述来统一量子理论和广义相对论。在弦理论中，所有亚原子粒子都是小段的"弦"（string），要么是开弦，要么是闭弦，都在高维时空振动。粒子之间的差别并非来自它们的结构组成，它们在构成上都是一样的，而是来自它们振动的谐波。这些振动不仅发生在我们熟悉的三维空间加一维时间，而是在十维时空。其中一些振动可能会自我卷曲或者仅持续很短的时间，以至于我们察觉不到它们。弦理论极具揣测性，即使是它的拥护者对它也有大相径庭的说法。

M理论是对弦理论的一个发展，它将理论物理学带到了新的前沿。增加到十一维的时空只是它最微薄的贡献。对振动的弦来说，它将点粒子、二维膜、三维形状和实体添加到不可能形象化的更高维度上（p膜，其中p是0到9范围内的一个数）。内空间的折叠方式决定了我们所认为宇宙永恒不变规律的特征——比如一个电子的电荷或者引力起作用。因此，M理论允

> M理论就是爱因斯坦希望找到的统一理论……如果这个理论得到观测确证，这将是三千多年探索追寻的大功告成。我们将会找到大设计。
> ——斯蒂芬·霍金，《大设计》（*The Grand Design*, 2010）

哈雷评述梅西耶13号星团（Messier 13）："这只是一个小斑点，但当天空澄澈且月亮遁形时，其自身发出的光肉眼可见。"

许具有不同规律的不同宇宙——事实上，多达10^{500}个宇宙。不仅没有对M理论的系统阐述，也没有关于它是哪类东西的共识——是一个单一理论、一套关联理论或者随势而变的某种东西？甚至没人有把握确定M代表什么。阿那克萨哥拉所谓"灵明"（努斯）和爱因斯坦所谓"统一场论"（unified field theory）的东西现在可能被叫作M理论，但我们还不太清楚答案究竟是什么——物理学尚大有可为。